세계는 넓고 갈 곳은 많다 6

〈일러두기〉

1. 아시아 국가들의 개요와 역사 그리고 나라마다 주요 명승지 소개는 개별국가마다 현지 원주민 가이드들의 설명을 참고삼았다.
2. 각 국가의 개략적인 개요는 네이버 지식백과와《두산세계대백과사전》,《계몽사 백과사전》을 참조하였음을 밝힌다.

넓은 세상 가슴에 안고 떠난 박원용의 세계여행 '아시아편' 2

세계는 넓고 갈 곳은 많다 6

초판 1쇄 인쇄일	2025년 3월 10일
초판 1쇄 발행일	2025년 3월 17일
지은이	박원용
펴낸이	최길주
펴낸곳	도서출판 BG북갤러리
등록일자	2003년 11월 5일(제318-2003-000130호)
주소	서울시 영등포구 국회대로72길 6, 405호(여의도동, 아크로폴리스)
전화	02)761-7005(代)
팩스	02)761-7995
홈페이지	http://www.bookgallery.co.kr
E-mail	cgjpower@hanmail.net

ⓒ 박원용, 2025

ISBN 978-89-
   978-89-64

* 저자와 협의에 의하
* 잘못된 책은 바꾸어
* 책값은 뒤표지에 있습

넓은 세상 가슴에 안고 떠난 박원용의 세계여행 아 시 아 편 2

세계는 넓고 갈 곳은 많다 6

박원용 글·사진

BG 북갤러리

다른 아시아 여행서보다 다양하고
생생한 여행 정보로 감동을 준 책!

'여행은 과거에서부터 현재 그리고 미래까지를 만나기 위해 가는 것'이라고
했습니다. 저자는 34년 전부터 여행을 시작하여 2019년 말까지 유엔가입국
193개국 중에 내전 발생으로 대한민국 국민이 갈 수 없는 몇 개국을 제외한
지구촌에 존재하는 모든 국가를 다녀온 분입니다. 특히 오지라고 불리는 아
프리카와 중남미, 남태평양은 말할 것도 없거니와 한국인으로서 아시아 대륙
은 물론 섬나라에 이르기까지 한 나라도 빠짐없이 방문한 분이라 여행에 대
한 취미와 열정은 남다르다고 할 수 있습니다.

'여행을 아는 자는 여행을 좋아하는 자에 미치지 못하고, 여행을 좋아하는
자는 여행을 즐기는 자에 미치지 못한다.'고 하였습니다.

저자께서는 지구상에서 여행을 가장 즐기는 분입니다.

저자 박원용 선생님은 여행지의 계획이 서게 되면 다녀온 여행지와 중복은 되지 않는지 중요한 명소가 빠져 있지는 않았는지 여행 출발 전에 현지 정보를 꼼꼼하게 충분히 검토하여 자료를 정리하고 난 후 여행을 시작하는 것을 원칙으로 합니다. 그리고 일행들과 오지 여행을 하고 돌아오면서 방문하기에 힘이 드는 이웃 국가가 여행지에 빠져 있으면 위험을 무릅쓰고서라도 혼자서 다녀옵니다. 아프리카, 남태평양 등 오지 국가를 그것도 한두 번이 아니고 여러 차례에 걸쳐 혼자 여행을 마치고 오는 분이라는 것을 오지 전문여행사 대표인 제가 많이도 봐왔습니다. 여행사를 운영하는 저희도 상상하지 못할 일입니다.

여행에 있어서 본받을 점이 헤아릴 수 없이 많아 저희에게 귀감이 되는 저자는 한마디로 진정한 여행 마니아라고 할 수 있습니다. 그리고 이번 아시아 여행서는 저자가 현지 여행에 밝은 현지인이나 아시아 각 지역 국가에서 오랫동안 거주하고 있는 한국인을 찾아서 보다 많은 정보를 수집하고 충분한 시간적인 여유를 가지고 일반 여행자들이 꼭 가봐야 할 유명한 여행지 위주로 담았습니다.

아시아의 개별 국가 중 어느 하나의 국가라도 처음 방문하거나 아시아 여행에 관심을 가지고 아시아 여행에 궁금한 점이 많은 여행자에게는 여타 아시아 여행서보다 다양하고 생생한 여행 정보로 더 큰 감동을 드릴 것을 확신합니다.

끝으로 박원용 선생님의 《세계는 넓고 갈 곳은 많다》 제1권 유럽편에 이어 제2권 남·북아메리카편, 제3권 아프리카편, 제4권 오세아니아편, 제5권 아시아(동아시아, 동남아시아)편 1, 제6권 아시아(서남아시아, 아라비아반도, 서아시아, 중앙아시아)편 2로 지구촌 모든 국가를 하나도 빠짐없이 출간하게 됨을 진심으로 축하드리며 앞으로 더욱 많은 행복과 무궁한 영광이 늘 함께하기를 바랍니다.

오지전문여행사 〈산하여행사〉

대표이사 **임백규**

프롤로그 Prologue

아시아 전 지역 국가들을
5권과 6권에 모두 담았다

한 권의 분량으로 아시아 전 지역 유엔회원국과 비회원국 타이완, 팔레스타인, 남예멘 등의 여행지와 역사에 관한 내용을 소개한다는 것은 매우 어려운 일이라 생각한다. 예를 들어 경북 경주시를 가서 고적을 두루 살펴보려면 일주일은 소요될 것이다. 그러나 불국사, 다보탑, 석가탑, 박물관 등 꼭 봐야 할 명소만 골라서 요약해 보면 1박 2일 정도면 충분할 것이다. 이러한 심정으로 아시아 전 지역 국가들을 하나도 빠짐없이 이 책 한 권에 모두 담으려고 노력을 아끼지 않았다.

그러나 아시아 국가들은 모두가 대한민국과 대륙을 같이하여 지리적으로 가까운 거리에 있으므로 다른 대륙 국가들보다 여행을 많이 갈 수밖에 없었다. 그로 인하여 원고가 많아지는 것은 당연하다. 그래서 아시아는 제5권 동아시아와 동남아시아, 제6권 서남아시아와 아라비아반도, 서아시아, 중앙아시아로 분리하여 출간하기로 했다.

역사는 시간에 공간을 더한 기록물이라고 한다. 너무 많은 양의 역사를 여행서에 보태면 역사책으로 변질될까 우려되는 마음에 역사를 음식의 양념처럼 가미시켜서 언제, 어디서나 흥미진진하게 읽을 수 있게끔 노력하였다.

그러나 동아시아와 동남아시아를 제외하면 일반인들은 국가들의 이름을 알고 있거나 들어는 보았지만 직접 방문하기에는 힘이 드는 국가들이다. 그래서 누구나 아시아 개별 국가들의 개요에 관한 내용을 사실적으로 인지해서 이 책을 읽거나 아시아 국가들을 여행할 시에 이해하기 쉽도록 노력하였다. 또한 이 책 속에 수록된 내용과 지식으로 여행에 관심이 많은 분들께 조금이라도 도움이 되었으면 하는 마음에 지리적으로 국가의 위치나 근대사에 관계되는 내용을 보다 많은 설명을 하기 위해 노력하였다. 그리고 개별 국가들의 생생한 현장을 독자들에게 눈으로라도 대리만족에 기여해볼까 해서 현장을 취재한 사진과 현지 여행안내서에 수록된 사진들을 이 책 5권과 6권에 모두 담아보려고 열과 성의를 다했다.

한 시대를 살아간 수많은 사람에 의해 역사는 이루어지고 사라져 간다. 그래서 나라마다 국가와 민족이 살아서 움직이고 있기에 문화와 예술도 만들어지고 소화 흡수되어 없어지기도 한다. 나라마다 과거와 현재에 대한 역사를 올바르게 인식하고 여행을 해야만 여행자들의 삶의 질이 진정으로 향상되고 성숙되어 간다고 생각한다.

필자는 역사와 문화를 배우는 데 가장 효율적인 방법이 여행이라고 믿어 의심치 않는다. 직접 보고, 듣고, 느끼고, 감동을 받기 때문이다. 백문이 불여일견(百聞不如一見)이라고 한다. '백 번 듣는 것보다 한 번 보는 것이 낫다.'는 말이다. 이 말은 여행을 하고 나서 표현하는 방법으로 전해오고 있다. 우리와 이웃하고 있는 중국은 역사와 문화적인 면에서 예로부터 많은 교류가 있었고 방대한 영토로 인해 오늘날 세계적인 관광 대국을 자처하고 있다. 그래서 필자는 20여 회나 중국을 방문한 적이 있다. 그리고 인도네시아 발리 엠계곡에서 발가벗고 나체로 생활하는 다니족과 하루 일정을 가족처럼 지내보았던 추억과 네팔에서 경비행기를 타고 세계에서 제일 높은 산(8,848m)인 에베레스트산과 안나프르나봉 등을 가까이에서 볼 수 있었던 감동, 이슬람 수니파의 종주국인 사우디아라비아와 시아파의 종주국인 이란을 방문해서 이슬람의 역사와 문화를 뿌리 깊게 체험하고 그들의 생활 모습과 역사 그리고 문화를 심도있게 집필하는 작가로서 삶의 보람을 느끼며 이스라엘에서 예수 탄생지(마구간)에서부터 십자가의 길 따라 '예수님의 요람에서 무덤'까지의 체험은 살아생전 잊지 못할 추억으로 남아있다. 이 모두가 각고의 노력과 피와 땀으로 이루어진 결과물이라 생각한다.

이 책은 독자들이 새가 되어 아시아 전 지역 국가마다 상공을 날아가며 여행하듯이 적나라하게 표현하였다. 그리고 여행을 진정으로 좋아하는 사람들과 시간이 없어서 여행을 하지 못하는 분들, 건강이 좋지 않아서 여행하지 못하는 사람들, 여건이 허락되지 않아서 여행을 가지 못하는 분들께 이 책이 조금이라도 도움이 되고 보탬이 되었으면 한다.

쉬는 날 휴가처나 가정에서 이 책 5권과 6권으로 아시아 전 지역 국가들의 여행을 기분 좋게 다녀오는 보람과 영광을 함께 하기 바라며 바쁘게 살아가는 와중에도 인생의 재충전을 위하여 바깥세상 구경 한번 해보라고 권하고 싶다. 분명히 보약 같은 친구가 될 것이다.

끝으로 이 책이 제1권에 이어서 제2권, 제3권, 제4권 그리고 제5권과 제6권까지 이 세상에 나오게끔 지구상 오대양 육대주의 어느 나라이든 필자가 원하는, 가보지 않은 나라 여행을 위하여 적극적으로 협조해준 〈산하여행사〉 대표 임백규 사장님과 여행길을 등불처럼 밝혀준 박동희 이사님, 이 책을 쓰고 난 다음 기초작업을 적극적으로 도와준 대구 중외출판사 오성영 실장님, 고객들이 바라는 출판조건에 적극적으로 협조를 아끼지 않으시고 정직하고 성실하게 출판업을 하시는 도서출판 BG북갤러리 대표 최길주 사장님 그리고 삶을 함께하는 우리 가족들과 모두에게 깊은 감사를 드리며 모두의 앞날에 신의 가호와 함께 무궁한 발전과 영광이 늘 함께 하기를 바란다.

2024년 12월 대구에서

박원용

차례 Contents

추천사 _ 다른 아시아 여행서보다 다양하고 생생한 여행 정보로 감동을 준 책! _ 4

프롤로그 Prologue _ 아시아 전 지역 국가들을 5권과 6권에 모두 담았다 _ 7

Part 1. 서남아시아 South West Asia

인도(India) _ 17

스리랑카(Sri Lanka) _ 63

몰디브(Maldives) _ 75

파키스탄(Pakistan) _ 83

아프가니스탄(Afghanistan) _ 113

이란(Iran) _ 118

Part 2. 아라비아반도 Arabian Peninsula

쿠웨이트(Kuwait) _ 163

바레인(Bahrain) _ 168

카타르(Qatar) _ 174

오만(Oman) _ 181

아랍에미리트(United Arab Emirates) _ 187

사우디아라비아(Saudi Arabia) _ 197

예멘(Yemen) _ 238

남예멘(South Yemen) _ 243

Part 3. 서아시아 Western Asia

이라크(Iraq) _ 251

레바논(Lebanon) _ 258

시리아(Syria) _ 268

요르단(Jordan) _ 278

이스라엘(Israel) _ 296

팔레스타인(Palestine) _ 327

아제르바이잔(Azerbaijan) _ 334

조지아(그루지야) (Georgia) _ 341

아르메니아(Armenia) _ 346

Part 4. 중앙아시아 Central Asia

우즈베키스탄(Uzbekistan) _ 355

투르크메니스탄(Turkmenistan) _ 369

타지키스탄(Tajikistan) _ 377

키르기스스탄(Kyrgyzstan) _ 383

카자흐스탄(Kazakhstan) _ 392

인도 India

　인도(India)는 서남아시아에 있는 나라로서 세계 4대 문명의 하나인 인더스문명의 발상지이며 불교가 일어난 나라이다. 북으로는 중국과 네팔, 동으로는 방글라데시와 미얀마, 서쪽으로는 파키스탄과 접하고 있다. 이집트 · 메소포타미아 · 황하문명과 더불어 세계 4대 문명으로 불리는 인더스문명은 이미 BC 2300년부터 최전성기를 맞기 시작하여 BC 1800년에 이르기까지 화려한 번성 시대를 누렸다.

　BC 1000년경에는 아리아인의 진출로 갠지스강 유역까지 확장, 발전하게 된다. 이후 17세기부터 시작된 서방국가의 잦은 침입으로 결국 18세기 후반에는 영국의 지배하에 놓이게 되며 이때 마하트마 간디의 비폭력 불복종이라는 민족주의 운동이 전 인도를 하나로 묶어 마침내 1947년 독립을 선언하게 된다. 그러나 넓은 영토와 다양한 종교, 현재까지 이어지는 신분제도(카스트) 등은 독립 이후 파키스탄과 방글라데시라는 나라를 분리 독립시켰고 지금까지도 카슈미르 지방 등에서 잦은 분쟁이 일어나는 등 현대 인도의 발전을 저해하는 원인이 되고 있다.

인도는 아시아 대륙의 서남쪽 끝에 위치해 있는데, 동으로는 벵골만, 서로는 아라비아해 그리고 남으로는 인도양에 둘러싸여 있는 거대한 반도 형태의 나라이다.

국토면적은 328만 7,263km²(세계 7위, 한반도의 15배, 남한의 33배)이며, 수도는 뉴델리(New Delhi)이다.

인구는 14억 4,171만 9,852명(2024년 기준)으로 세계 1위이다. 종족구성은 아리안계(중북부 70%), 드라비다계(남부 25%), 몽골계(동북부 3%) 순이다.

공용어는 힌디어(32%)를 포함하여 15개 공용어가 있으며 영어가 널리 통용된다. 종교는 힌두교(82.6%), 이슬람교(11.4%), 시크교(2%), 기독교, 불교 등이다. 시차는 한국시각보다 3시간 30분이 늦다. 한국이 정오(12시)이면 인도는 오전 8시 30분이 된다. 환율은 한화 16,000원이 인도 약 1,000루피 정도로 통용되며, 전압은 220~230V/50Hz를 사용하고 있다.

인도의 수도로서 정치, 경제, 문화의 중심지답게 대통령궁을 비롯한 각종 관공서와 오피스, 공연장 등이 집중되어 있는 델리는 크게 올드델리와 뉴델리로 나누어진다.

올드델리는 13세기에서 18세기까지 무굴제국의 중심지로서, 좁은 골목길과 밀집된 시장에는 이슬람문화의 흔적이 곳곳에 남아있다. 반면 수도 뉴델리는 1911년 인도를 통치하던 영국이 수도를 콜카타에서 이곳 델리로 옮겨와 개발한 지역으로 현대식 건물과 넓고 곧게 뻗은 길들로 연결되어 있어 인도의 다른 도시들과는 분위기가 사뭇 다르게 느껴진다. 델리는 인도로 들어가기 위한 주요 관문 중의 하나이며 특별히 북인도로 올라가기 위해서 반드시 거치게 되는 관문으로서, 여행 중에 한번은 머물게 되는 도시이다.

찬드니 촉은 샤자하나바드(Shahjahanabad)의 일원으로 1648년에 형성되기 시작한 시가지를 대변하는 큰 도로로부터 붉은 성 앞의 광장과는 길을 사이에 두고 있다. 이 구역은 갖가지의 물품을 파는 상점들로 촘촘히 채워진 여러 종류의 시장들이 좁은 골목길을 통하여 이어지고 있는데, 어느 곳이건 사람들이 밤낮으로 붐비고 있다.

찬드니 촉 거리의 초입에 있는 디감바자인사원(Digambar Jain Mandir)은 1656년에 지어진 것으로 먹이를 찾아 날아오는 새들을 돌보는 한편, 병든 새들을 보살피고 있어 '새의 병원'이라고도 불리고 있다. 찬드니 촉 지역에는 향수, 꽃, 향료 등과 같은 것을 취급하는 상점들이 각자 구역을 이루며 몰려있는데, 그중에서 유명한 것은 무게를 달아 금과 은을 파는 다리바 칼란(Dariba Kalan)이다.

건축광 샤 자한(Shāh Jahān)의 마지막 작품인 찬드니 촉 구역의 회교 사원인 자마 마스지드(Jama Masjid)는 20,000여 명이 동시에 무릎을 꿇고, 고개를 조아릴 수 있는 규모로 인도에서 가장 큰 규모이다. 언덕 위에 자리하고 있어 어느 곳에서도 잘 보이는 자마 마스지드는 동쪽과 남쪽 그리고 북쪽에 각각 출입구가 있는데, 마당의 면적은 400m²에 이르고, 사원의 남과 북 양쪽에 세워진 뾰족탑은 그 높이가 40m에 달한다. 기부금을 내면 남쪽의 탑에 올라설 수 있는데, 탑 위에서는 델리와 뉴델리 일대의 경관을 한눈에 즐길 수

마하트마 간디의 추모원

있다.

라즈 가트(Raj Ghat, 간디묘)는 비폭력 평화운동을 이끌며 인도의 독립운동을 이끈 마하트마 간디가 화장된 곳이다. 푸른 잔디밭이 펼쳐진 가운데 검은 대리석으로 된 제단이 놓여있고 제단의 정면에는 간디가 죽으면서 마지막으로 남긴 "오! 신이여!"라는 글귀가 새겨져 있다. 이 제단에 오를 때에는 신발을 벗어야 한다. 라즈 가트 도로 맞은편의 간디기념박물관에는 간디에 관한 각종 자료 및 유품, 사진, 도서 등이 전시되어 있어 아울러 가볼 만하다.

신성한 강과 강물의 도시인 '시바(Shiva)의 도시' 바라나시(Varanasi)는 인도에서 가장 성스러운 곳 중 하나이다. 힌두교 순례자들은 이곳에 와서 강물에 목욕을 하는데, 이는 모든 죄를 씻어내는 종교의식이다. 이 도시에서 사망하면 목서(Mokśa, 탄생과 죽음의 순화에서 해방)를 얻을 수 있기 때문에 이 곳은 생을 마감하기에 상서로운 곳이다. 너무도 개인적인 삶과 죽음의 의식 이 바라나시의 유명한 가트에서 공개적으로 이루어진다.

이처럼 오래된 종료의식을 쉽게 접할 수 있어 많은 여행객이 이곳을 찾는 다. 과거에 이 도시는 까시 및 버라너스라고 불렸다. 현재의 도시명은 '바루 나(Varuna)강과 아씨(Assi)강 사이에 있는 도시'라는 뜻의 옛 이름을 되찾은 것이다.

갠지스강은 혼잡한 바라나시의 시가지에서 발생하는 온갖 오물이 흘러가 고, 동물과 어린아이 그리고 수행자(원하는 경우)들의 시체들과 같이 힌두 계 율상 화장될 수 없는 시체들이 수없이 버려지는 곳이다. 차츰 공업화되어 가

갠지스강 상류 빨래터(출처 : 인도 엽서)

갠지스강 중류 기도처(출처 : 인도 엽서)

는 인도의 추세에 따라 더욱더 심각하게 오염되어 가는 곳이 갠지스강이다. 그러나 힌두교인들에게 이곳의 강물은 변함없이 성스러운 것이어서 마시고 목욕하고 수영을 즐기는 데도 물로 인한 질병을 앓게 되는 일은 없다. 힌두교도 사이에는 이 강물에 목욕재계하면 모든 죄를 면할 수 있으며 죽음 후에 이 강물에 뼛가루를 흘려보내면 극락에 갈 수 있다고 믿고 있다. 그리고 사르나트를 방문한 석가모니 부처는 보드가야에서 깨달음을 얻은 후, 열반에 이르는 중도의 법을 설법하기 위해 바라나시에서 북동쪽으로 10km 떨어진 이 작은 마을에 왔다. 이후 위대한 불교 황제 아쇼카는 이곳에 장대한 스투파와 사원을 세웠다. 사르나트는 지칠 줄 모르는 중국인 순례자 법현 스님이 5세기에 이 유적지를 찾았을 때 최고의 융성기를 맞고 있었다. 현장 법사가 640

갠지스강 하류 화장터(출처 : 인도 엽서)

년에 왔을 때 사르나트에는 1,500
여 명의 승려, 100m 가까이 되는
높이의 불탑, 거대한 아쇼카왕의
석주 및 기타 경이로운 유적들이
많이 있었다. 석가모니 부처의 유
명한 첫 번째 설법지인 '녹야원에
서의 설법'에 따라 이 도시는 사슴
공원이라 불렸다. 이후 불교는 곧
쇠퇴기에 들어섰으며 이슬람교 침
략자들이 도시 건물을 파괴하고 더

아쇼카왕의 석주(출처 : 계몽사 백과사전)

럽히자 사르나트는 껍데기만 남게 되었다. 1835년이 되어 영국의 고고학자들이 발굴 작업을 시작하고 나서야 사르나트는 옛 영광의 일부를 되찾았다. 현재는 주요 불교의 중심지이다.

녹야원은 사르나트의 성지라고도 한다. 녹야원, 선인론처, 선인주처, 선인녹원, 선인원, 선원, 녹원, 녹림 등 여러 가지로 불린다. 이곳은 석가가 35세에 성도한 후 최초로 설법을 개시한 곳이며, 이때 아야다교진여 등 5명의 비구를 제도하였다고 한다. 탄생(룸비니), 성도(부다가야), 입멸(쿠시나가라)의 땅과 더불어 녹야원은 불교 4대 성지의 하나로 일컬어지며, 다메크탑을 비롯한 많은 불교 유적과 사원, 박물관 등이 여러 곳에 남아있다. 박물관에는 아쇼카왕의 석주두를 비롯하여 많은 유품이 소장되어 있는데, 특히 네 마리의 사자상으로 된 주두는 인도 미술 최고의 걸작으로 마우리아 시대에 속하는 가장 오래된 유물이다.

다메크탑인 34m 높이의 불탑이 유적지에서 가장 눈에 띄는데, 석가모니 부처가 초전 법륜을 설법한 장소를 표시하기 위해 세웠다고 한다. 현재의 불탑은 500년 정도까지 거슬러 올라가지만, 아마도 수차례 재건되었을 것이다. 스투파의 기하학 및 꽃무늬 형상은 전형적인 굽타시대 양식이다. 그러나 발굴 작업을 하는 도중, 마우리아 시대인 약 BC 200년에 쌓은 벽돌이 발견되었다. 석가모니 부처가 초전 법륜을 설법한 자리에 세워진 또 다른 불탑 다르마라지카스투파(Dharmarajika Stupa)도 있으나, 바라나시의 마하라자에 의해 헐리고 지금은 흔적만 남아있다. 근처에는 1824년 세워진 젠교사원이 있는데, 11세기 젠교 띠르땅꺼르인 스레얀시나트의 탄생지라고 한다.

다메크탑

바라나시와 함께 인도를 방문하는 거의 모든 여행자가 방문하는 도시 아그라(Agra)는 우리에게 너무도 잘 알려진 '타지마할'이 있는 곳이다. 무굴제국의 수도이기도 했던 아그라는 타지마할 이외에도 아그라성이나 시칸드라 등 큰 규모의 유적지들이 많이 있는 곳이다. 수도로서 화려한 역사를 지닌 아그라는 역사의 냉정한 시곗바늘 앞에서 그날의 영광을 알리기라도 하듯 '천국의 무덤' 타지마할만을 남긴 채 역사의 뒤안길로 사라졌다. 뉴델리에서 남쪽으로 204km밖에 떨어지지 않아서 하루 일정으로 방문하기에 좋은 도시이다.

세계 7대 불가사의 중 하나인 타지마할은 궁전이 아닌 무굴제국의 5대 황제 샤 자한(Shah Jahan)의 부인인 뭄타즈 마할(Mumtāz Mahal)의 무덤이

타지마할(출처 : 인도 엽서)

다. 이곳은 샤 자한이 17년의 결혼 기간 동안 14명의 아이를 낳고, 15번째 아이를 낳으려다 1629년에 세상을 떠난 부인 뭄타즈 마할을 추모하여 만든 무덤이다. 1631년에 짓기 시작하여 22년만인 1653년에야 완공된 이 건물의 정면 마당에는 수로를 둔 전형적인 무굴 양식의 정원을 두고, 좌우로는 회교 사원과 회당을 둔 구조로 되어 있다. 타지마할의 뒤편으로는 야무나강이 흐르고 있는데, 높은 축대로 싸인 야무나강 쪽의 뒷면을 제외한 타지마할의 삼면은 모두 높은 담이 둘러있다.

이 사랑을 위한 불멸의 금자탑은 이란의 쉬라즈 출신인 우스타드 이샤(Us-tad Isa)에 의해 설계된 것인데, 그의 설계대로 만들기 위한 장인들은 튀르키예, 이탈리아, 프랑스 등지에서 차출된 장인들을 포함하여 2만여 명에 이르렀고, 22년간 공사 끝에 1653년 완공했다고 한다. 건축을 위한 자재 운반을 위해 1,000여 마리의 코끼리가 동원되어야 했고 라자스탄의 마크라나에서 채취한 대리석을 비롯하여 건물 안의 세세한 장식을 위하여 러시아와 중국 등지에서 수입해야 했던 엄청난 규모의 준비과정과 장인들을 동원하여 만든 타지마할의 건축비는 당시 돈으로 500만 루피였다고 한다. 타지마할을 이루고 있는 대리석은 햇빛의 각도에 따라 다른 색감을 보여 아침과 한낮 그리고 석양 무렵의 느낌이 다르고, 달빛에 따라 다른 색감을 보여 느낌이 다르다. 타지마할에 들어가기 위해서는 약간의 몸수색이 필요한데 성냥이나 라이터, 음식물, 날카로운 모든 것들의 반입이 금지된다.

야무나강을 배경으로 하고 있는 아그라성을 철옹성으로 만들기 위해 높이

아그라성

가 50m에 이르는 성벽은 머리카락 한 올도 낄 수 없도록 쌓아졌다. 성안의 여러 건축물 중 볼 만한 것들로는 힌두 양식과 중앙아시아의 건축양식이 혼합된 양식을 보이는 흥미로운 건물인 제항기르궁전에 모티 마스지드 그리고 두 개의 접견실이 있다. 그러나 오늘날 이곳을 찾는 사람들이 제일 관심을 갖고 찾는 곳은 8각형의 탑과 같은 형식의 구조물인 무삼만 버즈(Mutham-man Burj)이다. 사만 버즈 혹은 자스민 타워라고도 불리는 이 무삼만 버즈와 얽힌 샤 자한의 사연이 심상치 않기 때문이다.

그리고 도시 전체가 핑크빛으로 이루어져 '핑크시티'라고도 불리는 자이푸르(Jaipur)에서 코끼리를 타고 이동하여 암베르성을 관람하고 궁전의 여인들이 바깥출입이 금지되던 시절인 1799년에 지어진 일명 바람의 궁전이라 불

암베르성

리는 하와 마할(Hawa Mahal), 천
문대, 빌라힌두교사원 등을 방문한
후 현지식으로 저녁 식사를 하고
숙소로 이동했다.

동인도 시킴(Sikkim)주의 시킴
은 불교도의 나라, 즉 불국(佛國)
이라는 뜻을 가지고 있다. 히말라
야산맥에는 팔천 미터를 훌쩍 넘는
봉우리가 여럿 있는데, 이 중에 유
일하게 불교적인 의미를 가지고 있
는 고봉이 칸첸중가(Kangchen-
junga)라고 한다. 시킴은 바로 이

사상 최초의 부처님 조각상(출처 : 인도 엽서)

칸첸중가산 아래에 자리한 작지만 아름다운 왕국이다. 동부 히말라야의 진주
이며 티베트 불교의 손모음 안에 있는 불국토라 불리는 곳이다. 오랫동안 문
호를 닫고 외부에 공개되지 않다가 최근 개방되어 더욱 신비한 시킴 히말라
야의 하루하루, 그곳의 사람들 이야기, 삶과 구별되지 않는 불교 이야기가 펼
쳐지는 곳이다. 시킴주는 원래 네팔과 부탄 사이에 있던 나라였으며 1975년
에 인도에 합병되었다.

시킴은 충청북도 크기의 작은 행정구역이다. 지도를 보면 인도대륙의 동북
쪽에 작은 손톱 모양으로 자리하고 있다. 인도의 다른 거대한 주와 비교하면
작아도 턱없이 작다. 그러나 큰 것들이 가지고 있지 못한 아름다움을 자그마

한 존재들이 한껏 소유하는 것을 많이 보아왔다. 이 작은 지역은 1975년에 우여곡절 끝에 인도의 22번째 주로 합병되었지만 수백 년 동안 히말라야 계곡에서 당당하게 왕국을 형성해왔다. 격렬한 역사의 요동 속에서 자의 반 타의 반으로 인도가 된 시킴은 왕국의 깃발을 내린 지 한 세대가 채 지나지 않았고, 당시의 국경은 지금까지 유지되고 있다. 동쪽으로는 약 30km의 길이로 부탄 왕국과 경계를 이루고, 북동쪽으로는 220km로 티베트, 서쪽으로는 100km 길이로 네팔 그리고 남쪽으로는 80km로 인도의 다른 행정구역인 서벵골과 국경을 만든다.

히말라야산맥으로 이야기하자면 8천m급 중에서 가장 먼저 햇살이 찾아드는 동쪽의 거대한 산과 세계 3위 봉 칸첸중가 휘하에 놓여있다. 칸첸중가를 주산으로 삼고 그곳에서 동쪽, 동남쪽으로 물결처럼 용맥으로 퍼져 나오는 능선과 계곡에 시키미(시킴 사람)들이 거주하고 있다.

시킴의 행정 수도는 '언덕 위에 평평한 곳'이라는 의미를 가진 갱톡(Gangtok)이다. 1800년을 전후해서 시킴 왕국의 새로운 수도였던 곳이다. 시킴의 모든 여행의 출발지이자 종착지이기에 여행객들의 일차적인 목표지점이 된다.

시킴의 가장 저지대는 해발 224m이고, 가장 높은 곳은 서북쪽에 자리한 칸첸중가(8,586m)로, 표고 차는 무려 8천m가 넘는다. 가로 65km, 세로 115km의 넓이로 이 정도의 극심한 고도차를 보인다면, 그 지형은 상상만으로 숨이 차도록 드라마틱하다. 따라서 시킴 안에서는 설산, 거대한 빙하, 푸른 호수, 강, 폭포, 온천 등이 촘촘하게 잡화엄식(雜華嚴飾)으로 박혀있다.

빅토리아 메모리얼 기념관

또한 이 급박한 경사에 열대, 아열대, 온대, 고산지대가 차례차례 전개되니, 이곳에 거처를 삼는 동식물의 다양성은 지구상의 다른 지역에서 눈을 씻고 찾아보아도 볼 수 없는 독특한 것이어서 이 지역을 '히말라야의 진주'라고 부르는 것은 지극히 당연하다.

근세에 이르러 영국이 인도를 식민지화하면서 다르질링(Darjeeling) 근처에 대규모 차밭을 경작하기 시작했다. 시킴의 주민으로는 감당하지 못해 네팔인을 대거 이주시키면서 값싼 노동력을 이용했다. 또한 몇 번이고 시킴 왕국을 침략했던 네팔은 시킴의 완강한 저항에 목적을 달성하지 못하자, 슬금슬금 자국민을 시킴 안으로 이주시키는 정책을 펼쳤다. 현재 시킴 인구에서 네팔인은 무려 70%를 차지하고 모두 그런 목적으로 들어온 사람들이다.

이렇게 이 지역과 인연을 맺은 사람들 사이에서 시킴이라는 이름에 이의를 제기하는 부족은 없었다. 그들에게도 이 땅은 축복의 땅이므로 설산이 굽어보는 능선에 집을 짓고 행복하게 살아왔다.

갱톡은 인도의 동북부 시킴 지방의 다르질링과 함께 주요 도시로 부탄과 접하고 있다. 반나절 정도의 관광으로 엔체이사원(En-

갱톡의 중앙로 마아트마 간디 동상

chey Monastery), 산악 경관, 티
베트학연구소, 사슴공원과 난초농
원이 있다.

라니풀(Ranipool)계곡의 한쪽
에 자리 잡고 있는 갱톡이 시킴 지
역의 수도가 된 것은 19세기 말
경인데, 시킴이 외래인에게 개방
된 이후 빠른 속도로 확장되어 가
고 있다. 갱톡은 넓지 않은 곳이지
만 여러 지역에서 문득문득 눈앞
에 다가서는 칸첸중가산이 언제라
도 아름다운 곳이다. 갱톡 사람들

갱톡의 랄마켓 거리

은 평화로운 자연경관과 그 자연경관 안에서 사는 순박한 사람들을 상상하
며 이곳에 온 사람들을 환영하기에 부족함이 없다.

남걀사원(Namgyal Monastery)은 사슴 공원에서 출발하여 지름길을 찾
아 내려가면 조금은 가깝게 갈 수 있다. 시내에서 큰길을 따라가자면 30분은
충분히 걸리는 거리에 위치한 이 남걀사원은 1958년에 전통 티베트 양식으
로 지은 사원으로, 많은 티베트 불교 경전들을 소유하고 있고, 몇몇 흥미 있
는 것들이 전시된 전시장도 가지고 있다. 남걀사원 곁에는 450여 가지의 히
말라야 난들을 가꾸고 있는 난원(蘭園)이 있다.

시내에서 3km가량 올라가면 나오는 엔체이사원은 닝마파(Nyingmapa)

에 속한 사원이다. 나르는 능력으로 유명했던 밀교승 'Lama Druptob Kar-po'가 남부의 시킴에서 이곳으로 날아와 1909년에 지었다는 사원이다. 사원으로 들어가는 마지막 길이 인상적이고 경관 또한 좋은 곳이어서 들러볼 만한 곳이다. 시내의 랄마켓(Lal Market)은 작지만 분주한 시장으로 한국에서와 같은 건어물들을 볼 수 있어 흥미 있는 곳인데, 이리저리 기웃거리며 이곳 사람들의 사는 모습을 건너다보는 재미 또한 그럴듯하다.

다르질링은 인도 서벵골주(州) 다르질링 행정구의 주도(主都)로 '히말라야의 여왕'이라 불리며 인도의 살인적인 더위를 피해 영국이 만든 산간 휴양지 중에서 초기에 개발된 곳으로 유명하다. 기온이 가장 높은 7~8월의 평균기온이 16℃ 정도이다. 해발 2천 미터의 고산지대에 있는 다르질링은 '차'와 히말라야봉우리 중의 하나인 칸첸중가(8,598m)를 한눈에 볼 수 있는 곳으로 유명한 마을이다.

1년의 대부분이 안개가 끼지만 날씨가 맑을 때는 2,175m의 높은 지점에 있는 전망대에서 70km나 떨어져 있는 칸첸중가산의 훌륭한 위용을 볼 수 있다. 또 교외의 타이거힐(2,590m)에서 바라보이는 히말라야산맥의 절경도 유명하다. 이곳은 네팔·부탄·티베트·시킴 방면으로 통하는 교통의 요지이며 지방 상업의 중심지를 이루고 있다. 다르질링은 본래 시킴국(國)의 영토였으나 1833년 영국이 획득하여 부근 일대에 차를 재배하기 시작하면서부터 발전하였다.

위용 있는 모습인 칸첸중가를 중심으로 한 히말라야 산들의 깨끗하고 호쾌한 경관을 배경으로 하고 있는 다르질링은 차밭으로 다듬어진 주변 구릉들이

칸첸중가 정상(8,598m)

히말라야의 대규모 차밭(출처 : 현지 여행안내서)

이루는 경관 또한 뛰어나게 아름다운 곳이다. 많은 사람이 이 자연경관을 사랑하여 방문하고 있다. 콜카타에서 개량된 종자로 대규모의 차밭을 일구어가던 영국 측이 일손을 필요로 하는 것은 당연한 일. 오늘날 다르질링을 이루는 다수의 구성원이 네팔계인 것은 당시 일손을 확보하기에 급급했던 영국 측이 네팔 사람들을 이곳으로 이주하도록 유도한 결과다. 몽골리아인 네팔계 인도인들로 이루어진 다르질링은 나머지 부분의 인도와는 판이하게 다른 맛이 있고, 분위기도 한결 푸근하다는 것이 여행자들의 공통된 견해다.

오랫동안 인도대륙을 휘젓고 다니며 아리안계나 드라비디언계 등의 아름다움에 눈이 익었던 여행자라면 이곳 다르질링에서 새삼 몽골리안들의 아름다움을 실감할 수 있을 것이다.

해발 8,598m로 세계에서 세 번째로 높은 봉인 칸첸중가는 다르질링의 이곳저곳을 다니다 문득 눈을 돌리면 '거기'에 눈부시게 '있다.' 타이거힐은 남쪽으로 11km 정도 내려가 있는 해발 2,590m의 봉우리이다. 날씨가 몹시 나쁘지 않은 한 붉은 금빛으로 물들어가는 세계 제3위의 고봉 칸첸중가의 모습은 그야말로 장관이다. 아주 운이 좋은 날은 서쪽 멀리 에베레스트까지 볼 수 있다.

굼(Ghoom)마을에는 이가촐링 곰파(Yiga Choling Gompa) 등이 있다. 티베트 승원을 곰파(절)라 부른다. 대형 미륵불을 모시고 있어서 유명한 곳이다. 도시와 약간 떨어진 탓에 다른 승원에 비해 산사의 운치가 느껴지는 곳이다.

다르질링의 토이트레인(유네스코 세계문화유산)은 고도 100m에 있는 도

다르질링의 토이트레인(출처 : 현지 여행안내서)

다르질링의 토이트레인(출처 : 현지 여행안내서)

다르질링의 토이트레인

시 실리구리에서 고도 2,200m에 위치한 히말라야산맥의 다르질링까지 가는 열차이다.

토이트레인을 타면 시속 20km의 속도로 지그재그로 올라가기 때문에 89km의 비교적 짧은 구간이지만 8시간 정도가 걸린다. 레일의 폭도 손으로 세 뼘 정도밖에 안 되는 데다가 열차도 작아서 'Toy Train'이라 불리는, 세계 유일의 증기기관차이기도 하다.

토이트레인의 역사는 '차(茶)'에서부터 시작되었다. 다르질링은 본래 티베트의 영향 아래 있던 시킴 왕국의 땅이었지만 네팔의 위협을 받던 시킴이 영국에게 도움을 받는 대신에 넘겨준 곳이다.

해발 2,200m 고지에 위치한 다르질링은 인도의 더위를 피하기에 적합한 곳이었고, 영국은 이곳에 피서용 휴양도시를 건설했다. 후에 차를 좋아했던 영국은 중국과의 차 무역에서 막대한 적자를 보자 이를 해소하고자 식물학자를 동원해서 중국의 차나무를 밀반출했다. 그리고 다르질링이 차를 심기에 적합한 기후를 가졌다고 판단, 대규모 차 재배지를 만들었다. 성공적으로 차를 생산하게 되면서 차를 실어 나르기 위한 운송수단이 필요했고 그래서 탄생한 것이 지금의 다르질링 히말라야 노선이다. 열차와 집의 벽 간격이 몇십 센티도 되지 않아 현지인들의 생활 모습을 가까이서 볼 수 있다. 안전상 속도를 낼 수 없어 시속 20km 정도로 달리기 때문에 창밖으로 손을 내밀어 열차를 스치는 나뭇잎을 만져 보는 모험도 가능하다. 지나가는 현지인들과 하는 인사도 재미있다.

칼림퐁(Kalimpong)은 다르질링에서 동쪽으로 2km 떨어진 시킴주(州)

의 경계, 해발고도 1,200m에 위치한다. 시킴주를 지나 티베트로 가는 상업로의 최북단 도시이다. 티베트 상품의 교역지이고 기온이 낮아 휴양지가 되어 있다. 티베트, 네팔, 부탄 등의 여러 나라에서 온 사람들이 혼주 한다. 칼림퐁에는 다양한 종교의 흔적들이 있다. 티베트와 가깝고 티베트 망명자들이 살기 때문에 당연히 티베트 승원이 있고, 부탄과도 인접하고 있어 부탄 승원도 있다. 인도이기 때문에 당연히 힌두사원이 있다.

칼림퐁에 있는 힌두사원은 크리슈나를 모신 사원으로 라마야나에 등장하는 크리슈나의 영웅스런 행동을 조각으로 만들어 놓고 있다. 더불어 이슬람 모스크와 영국 식민지배의 영향으로 가톨릭교회까지 볼 수 있으며 칼림퐁에서도 몇 개의 티베트 승원을 볼 수 있다. 두르핀언덕(Durpin Hill)에 있어 '두르핀 다라(Durpin Dara)'로 불리는 곳이다. 전형적인 티베트 승원이라고 하기에는 무리가 따르겠으나 중국적인 또는 인도적인 요소가 가미된, 어쩌면 부탄 요소가 가미된 3층의 승원은 규모만큼이나 볼거리가 많다.

콜카타(Kolkata, 구 캘커타)는 동부 인도의 관문으로 갠지스강(강가강)의 지류인 후글리강 하류에 발달한 인도 최대의 도시이다. 독특한 풍토와 긍지 높은 벵골 민족이 이룩한 동인도의 문화는 북인도의 문화와는 또 다른 문화권을 형성하고 있는데, 이러한 동인도의 사상과 문화의 발상지 콜카타는 델리와는 다른 의미에서 인도의 중심지라 할 수 있다. 1686년 이후로 이곳은 영국의 동인도회사가 자리를 잡아 영국의 인도 침략의 근거지로 급성장한 도시이다.

1912년에 수도를 뉴델리로 옮기기 전까지 인도의 정치, 경제의 중심지였

티베트의 난민촌 가정

후글리강 유원지

으나 현재는 방글라데시의 독립 이후에 난민과 농촌인구의 도시 유입으로 실업, 인구과잉, 빈곤 등 여러 가지 사회문제가 야기되고 있다. 그러나 인도의 문화를 대표하고 있는 콜카타는 치열한 생존경쟁의 열기를 느낄 수 있는 곳일 뿐만 아니라 최대의 무역항으로 도시권 인구만 해도 1,000만 명이 넘는다. 동양 최초의 노벨상 수상자인 라빈드라나트 타고르가 출생하고 활동한 곳으로도 유명하다.

칼리사원은 콜카타의 수호신인 칼리 신을 모신 성지로 초오링기 거리의 남쪽으로 4km 정도 떨어져 있는 곳에 위치해 있다. 사원 안에는 요란한 색으로 얼굴이 그려진 새까만 돌이 있는데, 이는 칼리 여신을 상징하는 상징물이며, 경내에 들어가기 전에 신발을 맡기고 경내에서는 맨발로 다녀야 한다. 언제나 많은 사람으로 붐비는 사원으로 통행하는 뒤쪽 도로에는 힌두교 제례에 사용하는 여러 가지 도구를 판매하고 있으며, 이를 둘러보는 것도 또 다른 재미를 느낄 수 있다.

달하우지광장은 연못을 중심으로 콜카타의 관공서와 주요기관 사무실이 자리하고 있는 곳으로 영국이 콜카타에 수도를 두고 있었던 시대의 중심지였다. 광장의 북쪽에는 원래 동인도회사 하급직원들을 위한 사택으로 지어진 라이터스빌딩이 있으며, 현재는 주 정부청사로 쓰이고 있다.

나코다(Nakhoda)모스크는 최대의 모스크로 악바르 영묘를 본떠서 건축한 인도와 사라센 양식의 건물이다. 1만 명을 수용할 수 있는 이 모스크는 붉은색으로 만든 높이 46m의 첨탑 두 개가 솟아 있고, 주위에는 각양각색의 상점이 들어서 있다.

타고르 하우스

타고르 하우스는 현재 라빈드라바라티대학교(Rabindra Barati University)로 인도의 노벨상 수상 시인 라빈드라나트 타고르가 태어나고 저술 활동을 하다가 서거한 집이다. 일찍이 벵골 르네상스의 중심인물들이 모여 문학을 논하고 문화를 이야기하던 이곳은 박물관이 된 별관에 타고르의 유품 등이 전시되어 있다.

남인도(South India) 여행은 2018년 11월 06일 04시 10분 스리랑카 수도 콜롬보에 도착해서 공항에서 환승, 07시 30분 UL121 항공기편으로 남인도 첸나이(Chennai)로 이동했다.

남부 인도 최대의 도시이자 정치, 문화의 중심지 첸나이 관광은 동인도 회사가 세운 인도 최초의 요새 성조지 요새와 예수의 제자 도마가 안치된 산토메성당 그리고 첸나이 도시를 따라 이어진 인도양 바다, 마리나 해변 등을 둘러보았다.

산토메성당은 예수의 제자 중 하나인 도마의 무덤 위에 세운 성당으로 1504년에 포르투갈이 건립한 것을 1893년에 재건축한 성당이다. 아름다운 네오고딕 양식의 건물로 성당 뒤편에는 도마의 무덤을 참배할 수 있는 별도의 건물이 자리 잡고 있다.

그리고 해변사원은 세계문화유산으로 지정된 아름다운 해변의 석조사원이다. 촐라 왕조의 대왕인 나라심하 바르만 2세가 재위했던 7세기경에 건립된 이 사원은 남인도 최초의 석조사원이라는 타이틀을 가지고 있다. 사원의 건축양식은 인도의 여타 사원과 비교해도 유례가 없을 정도로 특이하다. 멀리

예수의 제자 도마가 안치된 산토메성당

해변사원

서 봤을 때 사원은 두 동이다. 그리고 각각의 신당에 시바와 비슈누를 모시고 있어 확실히 독립적이지만, 두 개의 사원은 담으로 나뉘어 있지 않고 서로 연결되어 있다.

해안 쪽의 더 큰 사원이 시바사원이고, 작은 사원이 비슈누사원인데, 두 사원이 붙어 있는 이유로 비슈누 신에 대해 여성성을 부여해 해석하는 경우도 있다.

벵골에서만 떠오른 햇살이 시바사원의 영감을 정면으로 비춘다고 하는데 힌두교도들에게는 최고의 장엄한 순간이며, 아침 햇살을 받은 사원의 모습이 무척 아름다운 것은 물론이다.

크리슈나의 버터볼

　크리슈나의 버터볼은 아슬아슬하게 언덕 위에 자리 잡고 있는 거대한 바위이다.

　바위 절벽 위에 올려져 있는 둥그런 바위는 아래로 굴러떨어져야 정상일 것 같은 모양새지만 의외로 언덕에 잘 붙어 있다. 이런 바위라면 사연이나 전설이 깃들어 있을 법하지만, 이야기꾼으로서의 소질이 다분한 인도인들이 이곳만큼은 아무런 이야기도 안 만들어왔다는 사실이 더욱 놀랍다. 바위 틈새에서 간 크게 태양을 피하는 한 무리의 인도인들이 인상적이다.

　그리고 아르주나의 고행은 거대한 암석 전면에 사실적이고 섬세하게 새겨진 부조이다. 이곳은 마말라푸람에 있는 두 개의 유네스코 세계문화유산보다 더 인기가 있는 마말라푸람 최고의 볼거리이며 인도의 각종 신화가 새겨져

섬세하게 조각된 아르주나의 고행

있다. 아르주나의 고행은 남인도에서 가장 섬세하게 만들어진 조각이며 조각마다 사연이 있다. 한쪽 다리를 들고 있는 조각은 아르주나를 뜻하며, 신화시대의 고행은 요즘과 달리 무지막지한 힘이 있어, 고행만으로 신을 굴복시킬수 있었다고 한다. 조각 속의 아르주나는 현재 시바 신에게 시위 중인 모습 등 여러 가지 모습들이 새겨져 있다.

그리고 인도에서 유일하게 프랑스 식민지였던 도시 퐁디셰리(Pondicherry) 관광에 앞서 스리 오로빈도(Sri Aurobindo)의 이상향을 현실에서 이루기 위해 세워진 공동체 마을 오로빌로 이동했다.

오로빌을 상징하는 마트리만디르(Matrimandir)는 내부 입장이 불가하여 기념촬영을 마치고 다음 장소로 이동했다.

마트리만디르

풍디셰리는 해안가에 있는 인도의 주요 관광지이며, 인도의 주 가운데 관할 면적이 가장 작다. 300년 동안 프랑스의 지배를 받아 오늘날 인도에서 프랑스 문화를 가장 많이 느낄 수 있는 곳이다. 거리와 해안가에는 지중해에서 볼 수 있는 집과 건축물들이 늘어서 있다.

이어서 남인도 최대의 힌두교 사원이 있는 마두라이로 이동(약 4시간 소요)했다.

브리하디스와라사원(Brihadeeswara Temple)은 유네스코 세계문화유산에 등록된 사원이다. 1010년 촐라 왕조 최전성기의 왕 라자라자('왕중의 왕'이라는 의미) 1세에 의해 지어진 시바사원이다. 지어질 당시 세계 최대 규모의 이 사원은 현존하는 인도의 사원 건축물 중 가장 높은 높이를 자랑하고 있

브리하디스와라사원

다. 사원 내부와 외부의 프레스코화와 부조상들이 중요 볼거리이다.

탄자부르는 9~13세기에 걸쳐 촐라 왕조의 수도로 번창한 고도이다. 이 시대에 많은 시바사원이 지어지고, 바라문 문화가 번성했다. 매우 작은 도시이지만 촐라 건축의 최고 걸작으로 꼽히는 브리하디스와라사원과 왕궁 등 볼거리가 다양한 지역이다.

스리미낙시사원은 타밀나두주의 문장에도 새겨진 최고의 남인도 사원으로 시바 신의 또 다른 화신인 순다레스와라와 그의 아내인 미낙시를 모신 곳이다. 미낙시 여신(파르바티)과 그 남편인 순다레스와라(시바) 그리고 두 사람의 아이인 가네샤(호랑이 머리의 신)와 난디(시바가 타고다니는 황소)를 모

스리미낙시사원

시는 대표적인 드라비다 양식의 이 힌두교 사원은 3,300체 신들의 조각과 예배자가 몸을 씻는 정화의 연못에서 보이는 금빛의 두 신전 (순다레스와라신전과 미낙시신전) 이 주요 볼거리이다. 사원 이름에서 알 수 있지만, 실제로는 미낙시 여신만을 위한 사원이다.

그리고 티루말라이 나약 왕궁

스리미낙시사원 본관건물

빨래하는 현지 주민

(Thirumalai Nayak Palace)은 17세기 이 지방을 다스린 티루말라이 나약 왕에 의해 건설되었다. 미낙시의 드라비다 양식과는 완전히 다른 인도·사라센 양식(힌두+무굴건축)으로 건축된 이 왕궁은 대부분이 파괴되어 현재는 왕의 공간, 알현 장소 등 일부만 남아있다.

오늘은 수로 여행을 하기 위해 해상교통이 발달한 알레피로 이동해서 하우스 보트를 탑승하고 고요히 흐르는 강과 열대의 정취가 어우러진 멋진 모습을 감상할 수 있었다.

수로 유람은 잔잔히 흐르는 강물의 유람선에 몸을 맡기고 아름다운 파란 하늘과 짙푸른 녹색의 코코넛 나무, 평화롭고 아름다운 자연경관을 느끼며 그 속의 현지인들을 만날 수 있어 수로 여행 체험은 너무나 즐거웠다.

수상하우스 보트

　이번에는 까다깔리 공연을 감상하기 위해 공연장으로 이동했다.

　성 프란시스성당은 1503년 건설된 인도 최초의 성당 중 하나이다. 인도의 기독교인들에게는 일종의 성지에 속하지만, 인도 역사의 관점에서 본다면 서양으로부터 침략의 시작을 알리는 대표적인 이정표 중 하나이기도 하다. 성당 자체의 건립 연대보다 사람들에게 더 강한 인상을 남기는 것은 1524년 크리스마스이브 날 말라리아에 걸려 죽은 포르투갈의 항해 왕 바스쿠 다가마의 연관성 때문이다.

　한편, 성 프란시스성당에서 300m쯤 떨어진 산타크루즈대성당은 화려한 외관을 사진으로 남기기 위해 여행객들이 많이 들르는 곳으로 1904년에 건설되었다.

까다깔리 공연장

그리고 마탄체리궁전은 1555년 코친에 대한 무역 허가를 따내고 싶어 하던 포르투갈 상인들이 당시 코친의 지배자 바라께랄라바르마에게 바친 일종의 뇌물이다. 1663년 궁전이 부식되자 당시 께랄라의 마하라자는 네덜란드 장인들을 불러 궁전을 보수했는데, 이 때문에 지금도 현지에서는 '더치팰리스'라는 이름으로 불리고 있다. 아잔타 벽화 이후 인도에서 그려진 벽화 중 가장 아름답다는 평이 결코 허언이 아님을 알 수 있다.

궁전 안뜰에 있는 크리슈나사원은 힌두교 신자가 아닌 사람은 들어갈 수 없다.

그리고 중국식 어망 투어 지역은 드넓은 아라비아해와 그 위에 드리워진 그물망이 절묘하게 조화를 이뤄 오가는 사람들의 시선을 사로잡는다. 중국식 어망은 원래 중국 광둥성에서 대대로 전해 내려오던 것으로, 원나라 황제인 쿠빌라이칸이 대륙을 호령하던 시절에 코친항까지 전해졌다고 한다.

남인도 여행의 마지막인 유대인 마을 구역은 마탄체리와 빠르데쉬 시나고구 사이에 있는 길 일대를 유대인 마을이라고 칭한다. 실제로 이 구역은 유대인들이 살던 구역으로 한때 2,500명에 달하는 유대인 집단 거주 구역이었다고 하지만 이스라엘 건국 이후 거의 본국으로 귀환하여 2001년 마지막 인구 총조사 당시에는 7가구, 22명이 현재 거주하고 있다고 한다.

이곳은 인도에서 가장 큰 골동품 거리이다. 한국의 인사동이랑 비슷한 성격이지만, 현대식 건물들이 옛 거리를 침범하는 막개발의 인사동과 달리 예스러움이 한결 빼어나다. 반바지나 민소매 옷 착용자는 입장을 거절당하므로 옷을 갖춰 입어야 한다.

불교

불교(佛敎)의 탄생지이기에 잠시 인도편에서 불교에 관한 이야기를 해보기로 한다. 불교는 세계 3대 종교의 하나이며 석가모니를 교주로 하여 그가 말한 교법을 따르는 종교이다. 불교라는 말은 부처가 말씀하신 교법이라는 뜻과 부처가 되기 위한 교법이라는 뜻이 함께 담겨 있다. 그래서 불법(佛法) 또는 불도(佛道)라고도 한다.

불교는 기원전 5세기경 인도에서 태어난 석가모니가 진리를 깨닫고 불타(깨달은 이)가 되어 깨달은 바의 진리를 사람들에게 가르침으로써 비롯되었다. 석가모니의 입적(돌아감) 후 이 교리를 따르는 많은 제자가 이를 이어받아 불교의 세력은 세상에 널리 퍼졌다.

인도는 물론 타이, 미얀마, 스리랑카 등 동남아시아와 티베트, 몽골, 중국, 한국, 일본 등 동북아시아로 퍼지고, 멀리는 아메리카와 유럽지역에 이르기까지 퍼져나갔다. 오늘날 불교는 세계적인 종교로서 전 세계 종교인구의 약 4분의 1이 믿고 있다. 철학적으로 그 교리를 연구하는 학자들이 예나 지금이나 동서양에서 연구를 많이 하고 있다. 불교는 교리상으로 대승불교와 소승불교로 나뉘며, 전파된 지방으로 보아 남방불교와 북방불교로도 구별된다.

우리나라에는 고구려 소수림왕 2년(372년)에 중국의 전진(前秦) 스님으로부터 불교가 전해 왔고, 삼국 시대에는 이름난 스님들이 많이 배출되어 한국 불교의 기틀을 마련했다. 고려 시대에는 임금을 비롯해 백성들에 이르기까지 모두가 불교를 믿어 불교 전성기를 이룩하였으나 조선 시대에 들어와서 불교를 배척하는 정책이 시행되어 급격히 쇠퇴하게 되었다. 그 뒤 일제 강점 시대를 맞이하여 불교는 이른바 사찰령(寺刹令)에 따라 31개의 본산(本山)과 1,200여 개의 말사(末寺)로 구분 정비되었다.

이 시기에 일제의 압제에 거국적인 저항을 폈던 3·1운동 때에는 많은 승려가 동참을 하였고, 그 가운데 한용운, 백성용 등은 민족대표 33인의 한 사람이 되기도 했다.

해방 후에는 교단의 조직을 강화하는 한편, 적극적인 불교의 대중화 운동을 펴서 학교를 운영하고 보육원을 설립하는 등 문화사업에도 크게 기여를 했다.

그러면 과연 석가모니는 누구인가? 석가모니는 인도의 가비라성에서 정반왕을 아버지로 하고 마야부인을 어머니로 하여 태자로 태어났다. 왕자로서의

부다가야에 있는 보리수 나무 밑의 금강보좌(출처 : 계몽사 백과사전)

불타는 비록 생활은 넉넉하였으나 어머니를 일찍 여의고부터는 인생의 무상함을 느끼고 고민을 하다가 29세 때 남몰래 궁궐을 빠져나와 이 세상의 근본적인 문제, 즉 태어나고, 늙고, 병들고, 죽음에 이르는 네 가지 진상을 해명하기로 결심하고 작심을 한다.

불타가 득도한 부다가야의 보리수나무(출처 : 계몽사 백과사전)

6년간 고행(苦行)을 했으나 깨달음을 얻지 못하고 보리수나무 아래에서 명상에 잠겼다가 석가모니는 마침내 35세 되던 해 12월 8일 이른 새벽에 깨달음을 얻었다. 그것이 곧 우주의 모든 존재는 서로가 관계하면서 생성해간다는 연기(緣起)라는 결론에 이르고 나아가 인생의 무상(항상 나고 죽고 변하며, 늘 머물러 있는 모양이 없는 것)과 무아(나라는 존재가 없다는 것)를 꿰뚫어 봄으로써 고뇌가 없는 편안한 경지인 열반에 이룰 수 있다고 깨달았다. 이 무상, 무아, 열반이 불교의 목표인 삼법인(三法印)이 되고 다시 사제(四諦) 팔정도(八正道) 십이인연(十二因緣) 중도(中道) 등으로 정형화해 갔다.

깨달음을 얻은 부처님은 45년 동안 전국 각지를 두루 돌아다니며 자신이 깨달은 진리를 사람들에게 설법하였다. 그 설법 방법은 문답 형식의 비유와 설화를 통하여 쉬운 말로 행해졌으므로 이를 이해하고 따르는 제자가 나날이 늘어났다.

석가모니가 최초로 설법하던 녹야원(출처 : 계몽사 백과사전)

　석가모니의 열반(죽음) 후 제자들은 교시(가르친 말씀)를 모아 그 통일을 꾀하였으나 점차로 분열이 생겨 기원전 3세기 중기의 아소카왕 시대에는 부파(部派)불교 시대를 맞이하게 되었다.

　이 시대의 이전을 원시 불교 시대라고 한다. 그리고 기원 직전 무렵에는 부파불교에 대한 비판과 개혁 운동이 시작되어 개혁 운동에 참여한 사람들은 자신을 스스로 대승불교라고 지칭하고 부파불교인들을 소승불교라고 평가 절하하였다. 대승불교는 현실에 있어서 진리 활동을 강조한 것으로 그 견지에서 석가모니의 사상을 더욱 연구 검토하고 새로운 대승 경전을 편집하여 크게 발전하였다.

　소승불교는 주로 스리랑카에서 동남아시아로, 대승불교는 주로 서역에서 동북아시아로 전파하여 발전하고 그 나라에 뿌리를 내려 사상, 문화, 예술 등의 각 방면에 크게 영향을 끼쳤다. 반면 발생지인 인도에서는 13세기 말에 이슬람교도의 침입을 받아 크게 쇠퇴하여 갔다.

스리랑카 ^{Sri Lanka}

스리랑카(Sri Lanka)는 인도의 반도 남동쪽에 있는 섬나라이다. 남쪽 중앙부가 고원을 이루고, 그 주변의 해안 쪽에는 넓은 평야가 펼쳐져 있다. 열대 계절풍 기후로 남서 계절풍이 부는 여름에는 비가 많이 오므로 농사가 잘된다. 중앙산지의 북동부지방은 비교적 강우량이 적다.

국민의 약 70%가 아리아계의 싱할라족으로 서부 및 고원 지대에 살며 주로 불교를 믿는다. 다음으로 많은 타밀족은 약 22%로 힌두교를 믿는다.

산업은 고무, 차, 카카오, 코코야자, 담배 등이 농업의 주가 되고 있다. 1948년 영연방의 자치국으로서 독립하였으며, 1972년에 나라 이름을 실론에서 스리랑카공화국으로 바꾸었다. 오랜 역사와 문화를 지닌 나라로서 불교에 관한 유적과 힌두교, 이슬람교 등의 고적이 많이 산재해 있다.

국토면적은 65,610km²이며, 수도는 콜롬보(Colombo)이다. 인구는 2,189만 3,600명(2023년 기준)이며, 공용어는 신할리어, 타밀어, 영어 등을 사용하고 있다. 종교는 불교(70%), 힌두교(12%), 이슬람교(9.7%) 등이 있다.

폴론나루와궁전

시차는 한국시각보다 3시간 30분이 늦다. 한국이 정오(12시)이면 스리랑카는 오전 8시 30분이 된다. 환율은 스리랑카 1,000루피가 한화 약 4,000원으로 통용된다. 전압은 230V/50Hz를 사용하고 있다.

폴론나루와(Polonnaruwa)궁전은 신할리 왕조가 인도의 침공으로부터 피신해서 내려와 만든 수도로서, 태국이나 미얀마 승려들이 찾아와 공부하던 찬란한 불교 도시이다. 유적이 남아있는 구시가지는 거대한 인공저수지인 파라쿠라마(Parakurama) 부근에 위치해 있다. 포트굴 비하라(Potgul Vihara)는 도서관이 있던 곳으로 야자잎으로 만든 불교 경전이 보관되어 있다. 수수께끼의 석립상(Statue of Unknown Man or The Sage)은 흰 바위 표면에 사람보다 약간 큰 입상이 새겨져 있는데, 이 조각은 파라크라마바후(Parakramaba-hu) 왕의 조각상으로 추측된다. 사롱(Sarong, 말레이반도인들이 허리에 감싸는 천)이 잘 묘사되어 있고 두 손에 들고 있는 것은 아직도 수수께끼로 남아있으며 높이 4m에 이르는 돌에 새겨 만들었다.

갈비하라(Gal Vihara)는 4개의

수수께끼의 석립상

거대한 불상이 유명하다. 묵상을
하고 있는 좌불상과 부드럽고 우아
한 표정을 짓고 있는 14m의 열반
상 그리고 완만한 선의 자태가 편
안함을 보여주는 입상과 좌상이 있
다. 쿼드랭글(Quadrangle)은 궁
전 북쪽 구시가지의 중심부에 있으
며 사각형 정원에 12개의 건축물
이 모여 있다. 그중에서도 바타다
게(Vatadage, 쿼드랭글 안에서 가
장 두드러진 원형 불탑)가 유명하
다. 갈포타(Gal Pota)는 야자잎 형

갈비하라의 부처님 좌상

태이며, 길이는 약 9m, 폭은 1.5m 정도된다.

여기에는 인도 침략자와 주변 나라와의 관계 등 왕을 찬양하는 내용으로
이루어져 있다. 궁궐(The Royal Palace)에는 파라크라마바후 1세의 궁전
흔적과 의장, 집회장, 목욕탕 등이 있다.

담불라(Dambulla)는 스리랑카 최대의 석굴 사원이 있는 마을로 거대한
흑갈색 바위산의 정상부근에 뚫린 천연 동굴과 극채색의 벽화 그리고 수많은
불상으로 유명한 곳이다.

기원전 100년경에 바타가마니 왕이 아누라다푸라에서 쫓겨난 후 머무르던
곳이었는데 왕이 다시 귀환하게 되자 감사의 뜻으로 석굴 사원을 건립하였

담불라 석굴사원

시기리야 요새 올라가는 길　　　　　　　반대편 내려가는 곳

다. 1, 2, 4번사원은 아누라다푸라 시대에 지어진 것이며, 3번은 캔디 왕조 시기에, 5번은 영국식민지 시절에 캔디의 지방 장관에 의해 창건된 것이다. 담불라는 피난처가 시기리야 근방에 있는데 왕이 수도를 재탈환한 뒤 이곳을 화강암의 사원으로 바꾸었다.

　이곳은 부처님이 악마와 싸우시는 모습들을 프레스코 기법으로 그려놓은 벽화가 유명하며, 가장 중심이 되는 곳은 제2번 굴인 마하라자 비하다(위대한 왕의 사원)이다.

　시기리야(Sigiriya)는 기원전 475년에 부왕을 살해한 왕 카샤파 1세가 피난을 위해 사자바위 위에 세운 거대한 요새의 도시이다. 물을 공급해주는 저

시기리야 정상

시기리야 물의 정원

시기리야 테라스가든

시기리야 레이디

수지 기능을 하던 물의 정원과 테라스가든 그리고 유네스코 세계문화유산인
프레스코화 유적의 18 미녀도, 입구 사자상, 정상에 자리한 카사파 왕의 연
회장, 왕궁 등의 유적들을 들러볼 수 있다. 멀리서 보면 마치 큰 사자가 웅크
리고 앉아 있는 듯이 웅장하며 정상에서는 시기리야 지역의 전경을 감상할
수 있다.

시기리야 요새(Sigiriya Rock)는 연꽃 수로와 석굴 사원 등으로 꾸며져 있
으며, 시기리야 레이디(Sigiriya Lady)는 5세기에 그려진 아름다운 풍치의
프레스코화로 요정 압사라와 시녀들의 모습을 보여준다.

불치사는 캔디 호반의 차분한 풍치를 보여주고 있는 스리랑카를 대표하
는 불교 사원으로 부처님의 치아 진신사리가 보관되어 있다. 불치는 기원전

불치사

543년 인도에서 석가를 화장할 때의 것으로, 현재 이 불치는 캔디시 중심의 아스기리야 마하 비하라에 봉안되어 있는데, 불교의 보물이면서 왕권의 상징 이기도 하다. 불치사 1층에는 선명하고 아름답게 그려진 프레스코 벽화가 있 으며 힌두교와 불교의 예술이 공존하고 있다.

캔디는 콜롬보의 북동쪽 115km 지점, 고원지대 해발 580m에 있는 스리 랑카 제1의 도시이다. 1815년까지 실론 최후의 왕조의 왕도로서 지금도 왕 궁이나 사원, 민속무용 등이 훌륭히 보존되어 있는데 매년 7~8월에 걸쳐 10 일 동안 열리는 에살라 페라헤라 축제로 유명하다.

스리랑카 불교 재건 운동을 주 도한 히카두레 스리 나야카에 의 해 설립된 강가라마사원이 있는 이곳은 콜롬보의 중심지역이며, 식민지 시절의 성채가 남아있는 포트 지구에 있다.

그리고 내부에는 부처님의 탄생 부터 죽음에 이르기까지의 벽화가 그려져 있다.

콜롬보는 스리랑카 최대의 도시 로 아시아와 유럽을 잇는 해상 수 송의 중계지로서 발전해 왔고, 지 금은 스리랑카의 경제, 정치의 중

인도양에서 낚시하는 콜롬보 주민들(출처 : 현지 여행 안내서)

심지로 부동의 위치를 차지하고 있다. 이곳은 아랍 상인들이 향료와 보석을
교환해가는 교역장을 시작으로 포르투갈, 네덜란드, 영국의 식민지 지배하에
항만 도시로 발전하게 되면서 지금에 이르고 있다.

몰디브 Maldives

몰디브제도공화국(The Republic of Maldives)은 인도양 중북부에 있는 섬나라로, 인도와 스리랑카 남서쪽에 자리한다. 국토는 남북으로 길게 늘어선 26개의 환초로 이루어져 있으며, 섬의 총수는 1,192개이다. 수도인 말레(Malé)는 군주제 시절에 술탄이 왕궁을 짓고 다스리던 곳이다.

몰디브제도에는 BC 1세기경 스리랑카와 인도로부터 싱할라 사람이 건너와서 살았다고 한다. 그래서 북부에는 인도(드라비다)계 사람들이 많다. 그들은 처음에는 불교를 신봉하였으나, 12세기 중엽부터 아랍인과의 교역이 활발해지고 아랍인에 의한 이슬람교 포교 활동의 영향을 많이 받아 이슬람교가 확산되었다.

16세기 들어 서구 열강의 침입이 시작되었다. 가장 먼저 포르투갈이 몇 번의 점령 실패 끝에 1558년에 몰디브를 점령하여 인도의 고아(Goa)로부터 총독을 파견하였다. 이후 인도대륙을 장악한 영국이 몰디브를 식민지배화하기에 이른다.

포르투갈과 달리 영국은 몰디브 내정에 간섭하지 않는다는 조건으로 1887

년에 몰디브를 보호령으로 선포했고, 스리랑카 식민지에 편입하여 관리하였다. 1948년에 스리랑카가 영국으로부터 독립하면서, 몰디브는 영국 직할의 보호국이 되었다.

그 후 일시적인 공화제를 거쳐 1965년 7월에 영국과의 손을 끊고 완전히 독립하였다. 같은 해 9월에는 UN에 가입하고, 1968년 11월에는 새로운 헌법을 시행하여 공화국이 되었다. 1985년 7월에 영국 연방에 정식으로 가입하였으나, 2016년에 탈퇴하였다.

2008년 10월 8일에 치러진 선거에서 최장기 집권 대통령으로 알려진 마우문 압둘 가윰이 우세를 보였으나, 10월 29일에 야당 후보였던 모하메드 나시드가 대통령으로 당선되면서 정권교체가 이루어졌다. 그러나 나시드는 2011년 몰디브 반정부 시위 이후 2012년 2월에 자리에서 물러나고, 2013년 대선에서 압둘라 야민이 새로운 대통령으로 당선되었다.

몰디브는 동경 73도 선을 축으로 북위 8도선 해협(Eight Degree Channel)에서부터 적도 남쪽의 남위 1도까지 남북으로 약 860km, 동서로 128km의 해역에 흩어져 있는 1,190여 개의 작은 산호섬으로 이루어져 있는데, 그 가운데 200여 개의 섬에만 사람이 거주한다.

몰디브는 가장 높은 지점이 해발 2m에 불과해 수몰 위기에 처해 있다. 2008년 11월 11일 대통령에 취임한 모하메드 나시드는 "국토가 바닷속으로 사라질 날에 대비해 새로운 국토를 살 수 있는 재원을 마련하겠다."고 밝혔다. 지구온난화에 따른 해수면 상승으로 수몰 위기에 처한 몰디브가 새로운 국토를 돈을 주고 사는 방안을 추진할 계획이라는 말이다. "이미 여러 나라와 접촉했으며 수용 가능한 방안임을 확인했다."고 밝혔다. 몰디브와 기후조건이 크게 다르지 않은 인도, 스리랑카가 최우선으로 검토되고 있으며 땅이 넓은 호주도 고려 대상에 포함돼 있다고 설명했다.

몰디브 사람들은 절대다수가 무슬림이기 때문에 악수를 하거나 식사를 할 때는 반드시 오른손을 사용하여야 한다. 영어로 인사하면서 악수하는 것이 일반적인 몰디브에서는 리조트에서나 식당에서 성의를 표시하는 정도의 팁 문화가 보편화되어 있다.

말레는 몰디브의 수도이며, 카아푸(Kaafu) 환초의 남쪽에 위치해 있다. 말레섬의 면적은 $1.9km^2$이지만, 인구는 2006년 당시 무려 92,555명에 달했다. 주변의 섬들을 합친 말레 행정구역 전체의 넓이는 $5.7km^2$에 인구는 2014년 기준 133,412명이다. 알기 쉽게 비교하자면 울릉도의 약 12분의 1 넓이에 울릉도 인구의 13배가 사는 셈이다. 작은 섬에 인구가 많이 몰린 관계로 상당히 기묘한 모습을 자랑한다. 인구밀도가 매우 높아 '달걀처럼 꽉 찬 섬'이라는 말이 있을 정도이다.

국토면적은 $298km^2$이며, 인구는 약 52만 1천명(2023년 기준)이다. 주요 언어는 몰디비안 디베히어이고, 종족구성은 신할라계, 드라비드계, 아랍인, 아프리카인 순이며, 종교는 94%가 이슬람이다.

시차는 한국시각보다 4시간 늦다. 한국이 정오(12시)이면 몰디브는 오전 8시가 된다. 환율은 한화 1만 원이 몰디브 약 27.6루피아로 통용된다. 전압은 230V/50Hz를 사용하고 있다.

해상리조트(출처 : 현지 여행안내서)

그리고 몰디브는 규모가 작은 섬들로 이루어져 있고 그로 인하여 섬 주변에는 수심이 매우 낮은 지역이 많다. 그래서 고리 모양으로 형성된 산호 환초가 많아 지구촌 어느 나라보다 해상리조트 사업이 발달한 나라이다.

이 나라는 어업이 중요한 국가 수입을 차지하지만, 해상리조트 역시 그에 못지않게 국가의 재정 수입에 큰 몫을 차지하고 있다. 그 덕분에 요즈음은 세계인들의 신혼여행지로 각광을 받고 있는 나라이다.

신혼여행지로 맛을 보지 못한 필자는 평소에 몰디브 여행에 관심이 많았고 그 그리움은 항상 꿈으로 안고 살아왔다. 그러다 어느 날 동아프리카 여행을 하면서 중간 기착지인 카타르 수도 도하에서 일행들은 모두가 귀국길에 오르고 필자 홀로 인도양에서 제일 작은 섬나라 몰디브를 1박 2일 일정으로 여행을 다녀오기로 하고 몰디브행 비행기에 몸을 실었다. 가는 날, 오는 날 잠자는 시간을 제외하면 여행하는 시간은 20시간에 불과하다. 그래서 값비싼 해상리조트는 꿈속으로 지워버리고 평범한 일반 호텔에 투숙하면서 대통령 집무실, 대통령 저택, 말레모스크, 술탄공원, 국립박물관, 공동어시장 등을 들러보기로 했다.

대통령궁은 바닷가 가장자리에 2층으로 된 건축물로 이루어져 있으며, 그 규모는 크지 않고 우리나라 읍 · 면사무소 정도 크기이다. 대통령 저택은 우리나라 일반인들의 별장처럼 입구 마당에는 잔디가 소복이 깔려있다. 이 모두가 일반인에게 개방되지 않아서 입구에서 사진 촬영으로 방문을 대신했다.

그리고 국립박물관은 소규모형태로 그 옛날 주민들이 농어촌 생활환경에

대통령 저택

술탄공원

따르는 각종 생활 도구와 민속신앙에 두루 사용한 석물들을 전시해 놓았다. 이웃 술탄공원에는 우거진 숲속에 주민들이 남녀노소가 구별 없이 한가한 여가를 보낼 수 있게 각종 놀이기구와 그늘에서 휴식을 취할 수 있도록 크고 작은 벤치들을 이곳저곳에 조성해 놓았다. 공원을 이용하는 주민들은 절대다수가 무슬림들이며, 의상은 검은색과 빨간색 그리고 간혹가다가 자유로운 복장을 한 주민들도 눈에 띈다.

그리고 인구가 제일 많이 북적거리는 공동어시장으로 이동했다. 이곳은 한국의 평범한 재래시장처럼 없는 것이 없을 정도로 복잡하고 다양하다. 한 곳에는 옷가게, 신발가게 등으로 집성되어 있고, 다른 한 곳에는 곡물과 채소, 과일 등으로 미니 가게들이 다닥다닥 붙어있다. 그리고 어물 가게에는 바다

과일가게

에서 잡아 온 각종 어물들을 분리해서 주로 할머니들이 가게 앞에서 지나가는 손님들을 유혹하고 있다. 그래도 필자가 제일 정감이 가는 곳은 과일가게이다. 과일가게 앞에서 마음에 들고 먹고 싶은 과일 망고 몇 개를 흥정해서 봉지에 담은 후 가게 주인아저씨에게 기념촬영을 요구해서 가게 기념사진을 남기고 귀국하기 위해 공항으로 이동했다.

파키스탄 Pakistan

파키스탄의 정식 명칭은 파키스탄이슬람공화국(Islamic Republic of Pakistan)으로, 인도 서북방에 위치하며 해안선의 길이는 1,046km이다. 면적은 88만 1,889km²이며, 수도는 이슬라마바드(Islamabad)이다.

쌀, 소맥, 면화 등을 주로 생산하는 농업 국가인 파키스탄은 독립 후 공업화에 주력하여 방직, 비료, 시멘트 및 식품 가공업 등 경공업 분야에서 큰 성장을 이룩하고 있으나 여전히 농업에 종사하는 인구가 압도적이다.

이 나라는 대통령 중심제와 의원내각제의 절충식인 공화제이며, 의회는 양원제로 임기 6년의 상원(100석)과 임기 5년의 하원(342석)으로 구성된다. 주요 정당은 파키스탄인민당(PPP), 파키스탄회교도연맹당(PML-N), 모하지드민족운동 등이다.

영국 식민통치하에 인도의 독립운동 전개로 이슬람교도들은 독립 후 힌두문화의 지배를 두려워하여 1930년대 초부터 이슬람 국가로 분리독립이념을 실천에 옮기기 시작하였다. 파키스탄은 제2차 세계대전 후 파키스탄의 국부로 숭앙받고 있는 진나(Jinnah, M. A.)의 파키스탄 분리독립정책에 따라

1947년 8월 14일 영국으로부터 독립하게 되었다.

파키스탄은 독립 후 정치적 불안정 속에서 민정이 계속되다가 1958년 10월 칸(Khan, A.) 장군에 의한 군사 정권 수립 이후 1965년 인도 · 파키스탄 전쟁 이래 계속된 비상사태선포 및 반정부시위로 1969년 3월 육군참모총장인 칸 장군에게 정권을 인계하였다.

그는 1970년 12월 총선을 실시하였으나, 동 · 서 파키스탄을 분리시키는 사태를 초래하여 부토(Bhutto, Z. A.)가 이끄는 인민당이 승리하고, 동파키스탄에는 라만(Rahman, M.)이 영도하는 당이 대승하여 동 · 서 파키스탄의 양 지도자 간 연립정부 구성에 관한 협상이 결렬되었다.

이에 따라 서파키스탄군이 동파키스탄에 진주하고 인도가 동파키스탄에 군사개입을 함으로써 1971년 12월 제3차 인도 · 파키스탄전쟁이 발발하였고, 파키스탄이 패함에 따라 동파키스탄은 분리되어 라만의 영도 하에 방글라데시로 독립하게 되었다.

한편, 부토 정권은 1973년 4월 헌법을 제정하고, 주요 산업의 국유화 조처, 노동자의 경영 참여 및 토지개혁 등 사회주의 노선을 추구하였으나, 막대한 전비와 노동운동의 격화로 경제가 호전되지 않았다. 이후 1977년 3월 총선에서 압승하였으나 야당의 총선 결과 불복선언 및 부토의 재신임요구 등으로 심각한 정국불안이 계속되는 가운데 1977년 7월 쿠데타로 실각하였다.

1977년 대통령으로서 정권의 권좌를 차지한 지아우루 하크 장군은 전(前) 정권 말기의 정치적 혼란을 계엄령으로 억제하고 1979년 구소련군에 의한 이웃 나라 아프가니스탄 침공을 이용하여 미국으로부터 많은 양의 군사 · 경제 원조를 끌어들이고, 석유 파동에 편승하여 연 6%의 경제 성장을 달성하는 실적을 기록하였다.

그러나 1985년 민정이관의 사이에 실시한 헌법 제8차 개정은 1973년 헌법에 근거하여 총리가 대표하는 연방정부의 행정권을 대통령 권한으로 하고, 헌법을 대통령제로 바꾸었다. 하크 대통령이 육군참모장을 겸임할 당시는 기능을 잘 발휘했던 이 헌법은 1988년 12월 총선에 의해 선출된 이스하크칸 대통령과 1988년 12월 총선거로 선출된 초대 민선 여성 총리 베나지르 부토 사이에 알력이 원인으로 작용하였다. 1989년 8월에 군 최고의 인사를 둘러싸고 표면화된 알력은 1990년 8월 6일에 이르러 칸 대통령에 의한 부토 총리의 해임이라는 결과를 낳게 하였다. 칸 대통령은 부토 총리를 해임 후 즉각 국회를 해산하고, 하원 총선거가 1990년 10월 실시되어, 보수 연합인 이슬람민주동맹(IDA)이 승리하였다.

이슬람민주동맹 총재인 샤리프 총리는 산업 육성, 고용 촉진, 공업화 추진 등을 목표로 한 적극적인 산업정책을 발표하고, 자유화와 경제의 민영화를 추진함으로써 경제 재건을 이룩하였다.

그러나 1992년 4월 칸 대통령은 샤리프 총리를 해임하였고, 이에 맞서 샤리프 총리도 대법원에 위헌제소를 하였다. 1993년 5월 위헌 결정으로 샤리프 총리는 복권하였지만, 군부 중재로 칸 대통령 및 샤리프 총리는 동시에 사임하였다. 1993년 10월 하원 및 지방의회 선거가 실시되어 베나지르 부토가 총선에서 승리하여 내각을 출범시켰다. 1993년 11월 레가리(Farooq, A. K. Leghari) 대통령에 이어 1998년 타라르(Muhammad Rafiq Tarar) 대통령이 취임하였다. 2008년 3월에는 현 자르다리(Asif Ali Zardari)가 2008년 9월 취임하여 국가를 대표하고 있으며, 그 아래 실권자 길라니(Gillani) 총리가 2008년 3월 취임하여 내각을 이끌고 있다.

대외적으로는 중도 중립의 입장을 취하고 있으며, 1947년 유엔에, 1979년 비동맹회의에 가입한 이 나라는 정치, 경제, 사회, 문화 등 모든 분야에서의 이슬람화 정책을 표방하며 건국이념 실현을 목표로 하고 있다. 이를 대내외적으로 과시함으로써 대내적으로는 국민에게 대정부 지지를 유도하고, 대외적으로는 이슬람교권 지도국으로서의 이미지 고양에 활용하고 있다.

파키스탄은 2013년 5월 11일 총선에서 야당이 승리했는데, 새로운 총리 샤리프는 인도와의 긴장 관계는 극복되어야 한다고 주장하였다.

국토면적은 88만 1,889km²이며, 인구는 약 2억 4천48만 6백명(2023년 기준)이다. 종족구성은 신드인, 펀자브인, 파슈툰족 등이며, 공용어는 신디어, 우르드어, 펀자브어, 영어 등을 사용한다.

종교는 이슬람교가 국교이며(97%), 수니파(77%), 시아파(23%), 힌두교, 그리스도교 순이다. 시차는 한국시각보다 4시간 늦다. 한국이 정오(12시)이면 파키스탄은 오전 8시가 된다. 환율은 한화 1만 원이 파키스탄 약 2,200루피 정도로 통용된다. 전압은 220V/50Hz를 사용하고 있다.

수도 이슬라마바드는 포트와르 고원에 예전의 임시수도였던 라왈핀디 북동쪽 14km 지점에 자리 잡고 있다. 옛 수도인 카라치가 수도로서 부적합하다는 판단에 따라 1959년 이곳으로 수도가 이전되었다.

이슬라마바드는 1961년부터 전통적인 이슬람 건축양식과 현대적 양식 및 기능성 조화에 초점을 두고 건설이 시작되었다. 콘스탄티노스 독시아디스(Constantinos Doxiadis), 에드워드 더렐 스톤(Edward Durrell Stone), 지오 폰티(Gio Ponti) 같은 유명한 건축가들이 도시계획 및 건축에 참여하여 세계적으로 유명한 도시로 발전하는 데 크게 기여했다.

해발고도 450~600m에 자리 잡고 있는 수도는, 제2단계 공사에서는 총무처, 의사당, 대통령 관저, 의원회관, 정부청사와 국립 대(大)모스크 등이 완공되었다.

1965년 이슬라마바드대학교, 1974년 국민개방대학교(지금의 알라마이크발개방대학교)가 설립되었다. 1971년 인도와 파키스탄 사이의 국경분쟁으로

이슬라마바드 파이잘모스크

건설사업이 일시 늦추어지기도 했다.

도심지역은 정부청사, 외교관저, 주택가, 연구소, 공업지대, 상업지대, 녹지대, 국립공원 등 8개 부분으로 나누어진다.

공원에는 올림픽촌, 정원, 목장, 조류사육장, 식물원 등과 원자력연구소 및 국립보건센터가 있다. 국가의 이념을 반영하여 이슬라마바드('이슬람의 도시', '평화의 도시'라는 뜻)라는 이름을 붙였다고 한다.

건설 계획상의 수도권은 도시 외곽의 계단식 대지와 초원까지 포함하며 그 외곽의 2,717km²는 도시계획의 통제하에 있는 특별지역인데, 대체로 사다리꼴이며, 북부 및 북동부에는 해발고도 915~1,525m의 마르갈라 구릉 지대가 있다. 남부지방은 기복이 심하며 쿠랑강이 흐르는데, 이 강을 막아 약

탁살라박물관

6,165만 m²의 물을 저장할 수 있는 라왈댐이 건설되어 있다.

탁실라(Taxilla)는 파키스탄 라왈핀디 북서쪽으로 약 35km 떨어진 유적지이다. 고대에 이곳은 세 개의 큰 무역로의 교차점에 위치하여 크게 번영했다. 무역로 중 하나는 그리스 작가 메가스테네스가 왕도(王道)라고 표현한 동부 인도에서 오는 길이고, 또 하나는 서아시아에서 오는 길이며, 나머지는 카슈미르와 중앙아시아에서 오는 길이다.

이들 무역로의 중요성이 사라지면서 이 도시도 몰락했고, 5세기에 마침내 훈족에 의해 파괴되었다.

탁실라는 인도와 그리스 · 로마 문헌에 언급된 것과 두 중국인 순례자 법현(法顯)과 현장(玄奘)법사의 기술을 통해 알려졌다.

문자 그대로 '깎아지른 바위의 도시', 즉 '타크샤의 바위'라는 뜻을 가진 타크샤실라(그리스 저자에 의해 탁실라로 음역됨)는 힌두교 비슈누 신의 한 화신인 라마의 동생 바라타에 의해 설립되었다고 인도의 서사시 《라마야나(Ramayana)》에 기록되어 있다. 도시 이름은 바라타의 아들로 그곳의 첫 번째 왕이었던 타크샤의 이름에서 유래한다.

전승에 의하면 자나메자야 왕이 뱀을 제물로 바치는 성대한 제사를 드릴 때 인도의 대서사시 《마하바라타(Mahabharata)》를 처음으로 낭송했다고 한다. 왕은 이 서사시에 나오는 영웅 가운데 한 사람이었다. 불교 문헌, 특히 자타카는 이 도시를 간다라 왕국의 수도로서 또 학문의 대(大)중심지로 언급했다.

간다라(간다리)는 BC 5세기에 만들어진 아케메네스(페르시아)의 왕 다리우스 1세의 비문에 사트라피, 즉 속주(屬州)로 적혀 있다. 따라서 간다라의 수도인 탁실라는 1세기 이상을 아케메네스 왕조의 지배를 받았던 것이 분명하다. 알렉산더 대왕이 BC 326년 인도를 침략했을 때 탁실라의 지도자 암비(옴피스)는 이 도시를 넘겨주고 모든 것을 알렉산더 대왕의 처분에 맡겼다. 그리고 마케도니아 정복자를 수행한 그리스의 역사가들은 이 도시를 '부유하고 번영하는, 또 잘 통치되는 곳'으로 기술했다.

알렉산더 대왕이 죽은 지 10년이 못 되어 탁실라는 찬드라굽타 마우리아가 세운 마우리아 제국에 합병되어 그의 지배 기간 중 지방 중심지가 되었다. 그러나 이것은 서쪽에서 온 정복자들에게 지배되어온 탁실라의 역사에는 짧은 기간에 지나지 않았다.

3세대에 걸친 마우리아 통치 후에 이 도시는 박트리아의 인도 · 그리스 왕국에 의해 합병되어 BC 1세기 초까지 인도 · 그리스인의 통치를 받았다. 그 뒤를 이어 중앙아시아에서 온 사카족, 즉 스키타이족과 파르티아족이 AD 1세기 후반까지 이곳을 지배했다. 초기 그리스도교 전설에 의하면 파르티아 시대에 사도 도마가 탁실라를 방문했다고 한다. 그 외에 이곳을 다녀간 사람으로서 티아나의 신(新)피타고라스파 철인 아폴로니오스가 유명하다(AD 1세기). 그의 전기 작가 필로스트라투스는 "탁실라가 대칭적 구도로 설계된 요새화된 도시이며, 규모 면에서는 니네베에 필적한다."고 기술했다.

탁실라를 파르티아족으로부터 빼앗은 것은 쿠줄라 카드피세스 지휘 하의 쿠샨족이었다.

위대한 쿠샨 통치가 카니슈카는 이곳에 3번째 도시 시르수흐를 세웠다(2

번째는 시르카프로서 인도 · 그리스 시대에 세워졌음). 4세기에 사산 왕조의 샤푸르 2세(310~379)가 탁실라를 정복한 것으로 보이는데 이것은 그곳에서 발견된 수많은 사산 왕조의 동전이 입증해준다. 사산 왕조 지배에 대해서는 알려진 바가 거의 없다. 동진의 법현이 대략 5세기 초에 이 도시에 왔을 때는 불교 성지와 사원이 융성한 곳이었다.

그 후 곧 훈족에 의해 약탈당했고 이후로 다시는 재건되지 못했다. 당나라 현장(玄奘)이 7세기에 이곳에 와서 도시가 폐허가 되었음을 보았고, 그 후로는 이곳에 대한 언급이 없다. 발굴작업은 인도 고고학의 아버지 알렉산더 커닝엄 경이 1863~64, 1872~73년에 시작했는데 사라이칼라로 알려진 현지의 유적 터가 고대 탁실라임을 확인했다. 그 후 존 마셜 경이 이 작업을 계속하여 20여 년간 고대 유적 터와 그곳의 기념물들을 모두 발굴해냈다.

케와라(Khewra)라는 이 도시는 두 번째로 인구가 조밀한 도시인데 키엘라주(州) 도시이자 북부 도시인 파키스탄의 필 다다이칸의 이웃 도시에 위치하고 있다. 케와라시의 인구는 약 35,000명 정도 된다. 케와라는 케와라소금광산 관광지로 유명한 제우름 지구의 최고 관광 도시로 알려져 있다.

이 지역이 소금광산 관광지로 발전하게 된 동기는 BC 325년경 알렉산더 대왕이 동방원정으로 인도를 정벌하기 위해 이곳에 도착해서 휴식을 취하고 있을 때 말(馬)들이 단단한 지반을 혓바닥으로 핥아먹고 있어 부하 장수에게 직접 혀로 맛을 보라고 명했다. 맛을 본 장수가 소금이라고 보고를 드리자 그로부터 소금광산으로 개발되었다고 한다.

이곳에서 카라치까지는 도로가 협소하다. 왕복 2차선 도로에 화물차는 적

칼라 소금광산

칼라 소금광산

재함보다 배 이상 너비로 짐을 실어서 다니고, 도로상에는 무질서한 농산물 작업과 경운기 등으로 정상적인 통행을 할 수가 없다. 그래서 각 지구대 경찰들이 교대하면서 교통정리를 하는데 역주행을 수시로 번갈아 가면서 인솔하여준 덕분에 무난히 일정을 소화할 수 있었다. 만약에 경찰관들의 도움이 없었다면 일정에 차질이 많았을 텐데 그 고마움은 이루 말할 수 없었다.

태산같은 적재화물 차량

라호르(Lahore)는 인더스강(江)의 지류 라비강 좌안 인더스평원에 위치한다. 무굴 제국(帝國) 시대에는 황족의 거처가 되면서 최전성기를 맞이하여 웅장하고도 화려한 건축물이 많이 건조되었다. 시크왕 국령(領) 때에는 왕도(王都)였으나, 영국령이 된 이후 펀자브주의 주도가 되었다. 서부 아시아와 인도를 연결하는 교통의 요충지인 이곳은 파키스탄 철도망의 요지로, 상업, 금융 등 유통경제의 중심지를 이루고 있다. 면방적을 중심으로 제철, 제강, 제화, 고무 등의 공업이 발달되어 있고, 특히 전통적인 금·은세공으로도 잘 알려져 있다. 주변 일대는 목화, 밀, 콩류, 사탕수수 등 펀자브지방 농산물의 집산지이기도 하다.

라호르는 델리, 아그라 등과 함께 인도에 있어서 이슬람 지배의 중심지로

지구대 사복 경찰관들

인도와 파키스탄 양국 국기 하강식

서 12~13세기 무렵부터 중요한 위치를 차지하였다. 특히 무굴제국의 자항기르 · 샤자한 양(兩) 제왕 시대의 성채와 샤리마르공원, 자항기르와 그의 왕비 눌자한의 묘묘(墓廟) 등은 무굴제국의 역사 제1급의 사적으로 평가되고 있다. 1882년에 건립된 파키스탄 최고(最古) · 최대의 펀자브대학과 여러 단과대학 및 연구소가 있고, 간다라와 무굴의 미술품을 수집한 라호르박물관이 있다. 또한 인도 · 카슈미르 등지와 가까운 위치에 있어 파키스탄 최대의 군사기지가 설치되어 있으며 유네스코의 세계유산 목록에 수록되어 있다.

하라파(Harappa)는 남서쪽으로 약 644km 떨어져 있는 모헨조다로(Mohenjo-Daro) 다음으로 큰 유적지이다. 1921년 인도 고고학 탐사단의 영국인 총감독 존 마셜 경이 처음으로 발굴작업을 시작하고 감독했다. 그의 발굴로 BC 3500년경까지 거슬러 올라가는 인도의 선사시대가 밝혀졌다. 발굴 결과 도시의 설계가 모헨조다로와 비슷하다는 사실이 드러났다. 도시 서쪽 측면의 지대에 성채가 있고, 동쪽 옆에는 격자 꼴로 설계된 노동자 구역이 있다.

성채는 진흙 벽돌로 성벽을 높이 둘러 요새화했으며, 외부 방벽은 구운 벽돌과 직사각형 철각을 좁은 간격으로 설치한 능보로 만들었다. 274m에 이르는, 성채와 옛 라비강의 수로 사이 지역에는 막사 같은 노동자 주거 구역이 곡물을 빻는 데 사용되었던 원형 벽돌 바닥을 따라 자리 잡고 있고, 공기가 잘 통하는 12개의 곡물 창고가 토대석 주위에 2열로 나란히 세워져 있다. 곡물 창고의 전체면적은 836m²가 넘어 모헨조다로 곡물 창고의 원래 면적과 거의 비슷하다.

성채가 포괄하는 전체 구역 배치를 통해 라비강 수로와 연결된 가까운 지

하라파 성채

역 내에서 식량 공급을 원활하게 하기 위해 행정적으로 면밀히 관리되었다는 사실을 짐작할 수 있다. 불행하게도 성채 건물이나 도시 주요 부분 유적 가운데 해독할 수 있는 것은 아무것도 남아있지 않다.

물탄(Multan)은 체나브강 바로 동쪽 둔덕에 자리 잡고 있다. 말리 왕조의 주요중심지인 물탄은 BC 326년 알렉산더 대왕에게 정복되었고 712년경 이슬람교도들에게 넘어간 이후 3세기 동안 인도의 이슬람 전초지로 남아있다가 10세기에는 카르마트파(Qarmatians) 이교도들의 중심지가 되었다. 이곳은 인도로 가는 남부 통로의 상업과 군사 요지였던 까닭에 몇 세기 동안 여러 차례 약탈과 포위 공격을 당했다.

델리 술탄국과 무굴제국의 지배를 받다가 1779년에는 아프가니스탄에게, 1818년에는 시크교도들에게, 1849년에는 영국에게 점령되었다. 이전에는 카슈푸르, 한스푸르, 바그푸르, 산브(또는 사나브푸르)라고 부르다가 이슬람교가 들어오기 전에 지은 태양신 사원에 있는 우상의 이름을 따서 마지막으로 물라스탄이라는 이름이 되었다.

물탄은 1867년 시가 되었으며, 현재 상공업의 중심지로서 큰 몫을 하고 있다. 이곳은 도로와 철도를

전국의 화물차는 모두가 이렇게 치장을 하고 다닌다.

고도로 치장을 한 화물차

통해 라호르, 카라치와 이어지며, 항공편으로 카라치, 퀘타, 파이살라바드와 연결된다. 비료, 비누, 유리, 주물, 면직물, 모직물, 명주, 밀가루, 설탕, 식용유를 생산하는 공장들과 큰 화력발전소가 있는 물탄에는 여러 개의 병원과 공원들, 펀자브대학교에 속한 단과대학들과 물탄대학교(1975)가 있다.

라르카나(Larkana)군의 행정중심지인 라르카나시는 인더스강 바로 서쪽의 가르운하를 끼고 있으며, 이름은 근처에 사는 라라크족(族)에서 유래했다. 이곳은 철도의 교차지로서 철도선을 중심으로 동쪽의 옛 시가지와 라호리 마을과 대부분 관저로 형성된 시빌라인(Civil Lines)을 포함하는 서쪽 지역으로 나누어진다. 1855년 시가 된 라르카나시는 현재 곡물 매매와 무역의 중심지로 청동과 금속제품 생산으로도 유명하다. 이곳은 칼호라족이 지배하고 있

민속박물관

을 때 신드의 주도였던 곳으로 역사상 유명한 건물들이 많고 신드대학교에 속한 여러 개의 단과대학도 있다.

　라르카나군은 1901년에 성립되었으며, 키르타르산맥이 있는 서쪽 산악지대를 제외하면 '신드의 정원'이라고 알려진 비옥한 평야지대로서 운하로 물을 대어 사탕수수, 밀, 쌀, 콩, 망고, 대추야자 등을 재배한다.

　이곳은 낙타사육이 널리 이루어지고 있고, 도정·제분·염색공장도 많으며, 굵은 소금과 초석이 많이 난다. 그리고 라르카나 남쪽으로 24km 떨어진 곳에 인더스강 유역 문명(BC 2500경)의 중요한 고고학적 유적지인 모헨조다로('죽은 자들의 언덕'이라는 뜻)가 있다.

　바하왈푸르(Bahawalpur)의 나와브(태수)들은 원래 신드 출신이었는데 이

곳에 제후국을 세우고 1802년 독
립을 얻었다.

수틀레지강 바로 남쪽에 자리 잡
은 이 도시는 1748년 무하마드 바
하왈 칸이 세웠고 1874년 시가 되
었으며, 파키스탄에 속한 수틀레지
강의 유일한 철교인 아담와한 다리
('여왕의 다리'라는 뜻)가 있고, 페
샤와르 및 카라치와 철도로 연결된
다. 또한 나와브의 궁전인 누르마
할과 굴자르마할을 비롯해서 도서
관, 종합병원, 동물원, 박물관 등

샤라클론의 무덤

이 있다. 가까이에는 아시아의 주요 체육시설로 수영장을 갖춘 드링경기장,
펀자브대학교에 속한 여러 단과대학, 이슬라미아대학교(1975), 카이드에아
잠 의과대학 등과 함께 중요한 농업훈련 교육기관도 있다. 비누제조와 조면
사업을 주로 하며 면직물과 견직물, 자수제품, 양탄자, 정교한 도자기도 생
산한다. 게다가 면실유와 면실, 깻묵을 만드는 공장이 1970년에 세워졌다.

바하왈푸르를 둘러싼 지역 서쪽은 '신드'라고 부르는 진충적토 지대이다.
수틀레지강 유역에 자리 잡고 있어 범람하는 강물로 농경지에 물을 대는 이
지역은 인구밀도가 높으며 대추야자 숲이 많다. 주요농작물로 밀, 이집트콩,
목화, 사탕수수, 대추야자 등을 재배하고, 양과 소를 길러 양털과 가죽을 수

출한다.

바하왈푸르 동쪽은 가까운 강 유역에 비해 상당히 높은 지대로서 파트 또
는 바르라고 부른다.

이 지역은 대부분 사막이지만 수틀레지강에서 운하로 물을 끌어들여 밀,
목화, 사탕수수 같은 농작물을 재배한다. 훨씬 동쪽에 있는 로히 또는 촐리스
탄 지역은 메마른 사막 지대로 하크라 저지대를 북쪽과 서쪽을 경계로 한다.
하크라 저지대의 둔덕에는 옛 마을들의 잔재가 줄지어 늘어서 있는데, 이 마
을들에는 아직도 유목민들이 살고 있다. 바하왈푸르 주변 지역에 살고 있는
주요종족은 자트족과 발루치족이다. 이 지역에는 바하왈푸르 남서쪽의 고대
도시 우치(BC 128년경~AD 450년경의 인도 스키타이인의 주거지)를 비롯
하여 역사적 유적지가 많이 남아있다.

모헨조다로는 고대 인더스강 유역 문명권에서 가장 중요한 도시 중 하나였
다. 인더스 문명은 기원전 2600년에서 기원전 1900년 사이에 꽃피었던 믿
기 어려울 만큼 세련된 도시 문명으로, 1920년대에 들어서야 밝혀지게 되었
다. 인더스강 삼각주에 위치한 모헨조다로('죽은 자의 흙무덤'이라는 의미로
이 도시는 여러 개의 흙무덤으로 이루어져 있다)는 아마 제대로 계획해 세운
최초의 도시들 중 하나일 것이다.

하라파시(북쪽에 있다) 같은 인더스 문명의 다른 위대한 중심지들처럼 모
헨조다로 역시 격자형 설계에 따라 구획된 도시로, 열십자로 교차하는 넓은
대로들에 의해 서로 구분된 사각형 구역들이 만들어졌다. 더 작은 골목길에
는 집집마다 개별적인 목욕탕과 화장실용 물 공급 체계를 완비한 개인 주택

BC 2500년 전 모헨조다로 유적지

들이 있었으며, 도시 전체가 그 당시 세계의 어느 곳보다도 훌륭하며 뛰어난 기술의 배수 체계를 이용했다.

1922년에 최초로 발굴되었으며 오늘날에는 일반인 방문이 허용된 이 도시의 유적은, 3만 5천명 이상의 주민들이 살았던 삶이 어떠했는지 느껴볼 수 있게 해 준다. 특히 전반적인 설계를 확연히 알아볼 수 있으며, 방어탑과 요새 설비, 주도로와 높은 담이 쳐진 골목길들, 주택, 안뜰, 우물, 위편이 덮여 있는 길거리 배수시설들과 지금까지 남아있는 건물들을 짓는 데 주재료로 사용되었던 굽지 않은 벽돌들도 모두 뚜렷하게 알아볼 수 있다.

고고학적인 증거에 따라 이 도시는 두 개의 큰 지역으로 나뉘었다. '성채'와 '아래쪽 도시'로('아래쪽 도시'의 대부분은 아직 발굴되지 않았다) 고고학자들은 성채가 정부와 행정의 중심지였을 거라고 믿는데, 이곳에서 발견된 중요한 건물로는 커다란 공공 목욕탕이었다고 짐작되는 건물, 회의장, 일부 설에 따르면 곡물 창고라고 여겨지는 건물 하나가 있다. 찬탄할 만한 또 다른 유적은 이곳에 위풍당당하게 우뚝 솟아 있는 서기 200년경의 인상적인 불교 사리탑이다. 이는 인더스강 유역 문명이 사라져 버린 오랜 후에도 사람이 거주했다는 증거이다.

하이데라바드(Hyderabad)군의 행정중심지인 하이데라바드시는 인더스강 바로 동쪽, 간조 타타르산맥의 가장 북쪽 구릉에 있는 파키스탄 제3의 도시이다. 교통의 중심지로서 철도를 통해 페샤와르 및 카라치와 연결된 이곳은 국경 도시인 코크 로파르와 무나바오를 경유하는 인도 철도와도 이어진다. 1768년 신드의 군주 굴람 샤 길호라가 고대도시 니룬코트 자리에 세우

세완샤바즈 칼란다르사원

고, 마호메트의 사위인 하이데르(하이다르) 알리의 이름을 따서 명명했다.

이곳은 칼호라 왕조를 계승한 탈푸르 왕조의 주도로 있다가 1843년 부근의 미아니 · 다보에서 전쟁 뒤 영국에 양도되었으며, 주도는 카라치로 옮겨졌다.

하이데라바드시는 1853년에 시가 되었으며, 현재 상업 및 공업 중심지로 발전했다. 주로 직물, 설탕, 시멘트, 양말, 메리야스류 공장 등이 가동되며, 유리, 비누, 얼음, 종이, 플라스틱 등이 제조된다. 제혁공장 및 제재소들도 있다. 수놓은 비단, 은 세공품, 금 세공품, 칠기 제품도 생산된다.

유명한 유적으로는 칼호라, 탈푸르 군주들의 무덤, 옛 신드 군주들의 궁전과 1782년에 세워진 성채가 있으며 새로 개발된 거주지와 산업단지들이 인구가 밀집된 옛 시가지를 둘러싸고 있다. 더운 계절에 바닷바람을 붙잡기 위해 집 꼭대기에다 바드지르스('바람잡이'라는 뜻)를 고정해놓은 것이 이 도시의 특징이다. 그리고 병원, 시립공원, 동물원, 운동경기장과 여러 문학협회가 있으며 강의 수상교통을 편리하게 하는 수문을 비롯해 홍수를 조절해주는 굴람 무하마드(코트리에 있음)댐이 있다.

세완샤바즈 칼란다르사원에서 경찰서장과

하이데라바드군은 인더스강 동쪽 제방을 따라 뻗어 있으며, 시가 있는 구릉 지대의 바깥쪽으로 펼쳐진 광활하고 비옥한 평야가 있다. 운하를 이용한 관개농업이 이루어지는데 주요농작물은 기장, 사탕수수, 벼, 밀, 목화, 유료 종자, 망고 등이다. 가내수공업으로는 가죽제품, 윤을 낸 도기와 타일, 북쪽 할라에서 온 옻칠제품과 줄무늬 면직물, 면담요, 북동쪽 나시르푸르에서 온 줄무늬 면직물 등이 있다.

카라치(Karachi)는 파키스탄 제1의 해항이자 최대 도시이며 옛 수도이다. 인더스강 삼각주에서 북서쪽으로 얼마 멀지 않은 아라비아해 연안에 있는 이 도시가 급격히 발전하기 시작한 것은 영국령 인도의 인더스강 유역과 펀자브 지방의 항구 역할을 하면서부터였다.

왕들의 무덤

집시들의 무덤

독립의 영웅 초대 대통령 진나의 묘

오늘날에는 혼잡하고 인구가 밀집한 상공업 중심지가 되었다. 카라치의 천연항 밖에는 폭풍을 막아주는 키아마리 마노라섬과 오이스터 암초 등이 있다. 시는 좁고 긴 해안 저지보다 37m 더 높은 넓은 평원에 자리 잡고 있다. 간헐천인 말리르강과 라야리강이 도시 한가운데를 흐른다.

여름이 무덥고 겨울은 서늘한 기후를 보인다. 5~6월의 평균 최고기온은 34℃이나, 때로는 41℃를 기록하며 1~2월의 평균 최저기온은 13℃이다. 연평균 강우량은 203mm로 주로 6~8월 중에 내린다.

제조업과 무역이 산업의 기반을 이루나 서비스업과 전문직에도 많은 사람이 종사하고 있는 이곳은 섬유, 신발, 금속제품, 종이, 가구, 기계, 화학제품, 피혁, 고무, 전기기구 제조업 등이 활발하며, 인쇄업과 식품, 음료, 석유 가공업은 물론 수제 의류, 레이스, 양탄자, 금속제품과 도자기를 생산하는 가내공업도 큰 몫을 한다. 카라치항은 파키스탄과 인접한 내륙국 아프가니스탄의 해상무역을 거의 독점하며 금융업과 보험업의 중심지로서 증권거래소가 있다.

　도시의 가장 두드러진 특징으로는 동서 방향으로 나란히 배열된 4개의 간
선도로가 항구 인접지의 메리웨더타워 가까이에서 시작하여 도시의 한복판
을 가로지른다. 구도시는 항구 부근에 있는데 무질서한 주택 경관이 이집트
와 유럽의 중세 도시들을 연상시킨다. 구도시의 동쪽에는 드리그 병영구(兵
營區), 고급 공무원들의 주택지구인 문관구(文官區), 사다르 시장구(市場區)
등의 행정구들이 있다. 도시 외곽지역에는 주로 교외 주택단지와 질서정연한
공업 단지들이 들어서 있다.

　인구의 약 절반이 1947년 이후 인도·파키스탄의 다른 도시 또는 다른 나
라에서 온 이주민들이며 큰 비율을 차지하는 인종집단은 없다. 문화·사회
활동은 종교를 중심으로 이루어지며, 종교는 이슬람교가 압도적으로 우세하
다. 주요 문화기관은 파키스탄 예술협회이다. 간시암예술관과 불불아카데미
에서 파키스탄의 춤과 다른 예술 활동을 주관한다. 카라치의 소규모 박물관

인도양 카라치 해변가

에는 고고학 유물과 민족학 유물들이 소장되어 있다.

카라치대학교에서는 여러 분야의 대학원 교육 과정을 실시하고 있으며, 부속 도서관은 카라치에서 가장 규모가 크다. 도시 중심부에서 고속도로가 사방으로 뻗어 나가며 통근과 현지 화물수송을 위한 순환철도가 운행되고 있다. 도로를 통해 파키스탄 내륙지역뿐만 아니라 이란과 다른 중동 국가들과 연결된다. 파키스탄의 화물·여객 열차의 종점이기도 한 이곳은 수에즈 동쪽에서 가장 번화한 항구 가운데 하나이며, 카라치 공항은 국제교통의 중심으로서 큰 몫을 한다.

아프가니스탄 Afghanistan

아프가니스탄(Afghanistan)은 서남아시아 내륙국으로, 동남쪽으로는 파키스탄과 국경을 접하고 있으며, 북쪽으로는 중앙아시아의 투르크메니스탄, 우즈베키스탄, 타지키스탄 등 3국과 국경을 맞대고 있다. 그리고 서쪽으로는

반데아미르국립공원

자기 집 앞에서 여가를 즐기는 할아버지(출처 : 현지 여행안내서)

이란과 국경을 접하고 있는 나라이다.

파미르 고원에서 뻗어 나오는 힌두쿠시산맥이 국토의 중앙부에 걸쳐 있어 국토 대부분이 고산지대와 암석, 사막 지대로 이루어져 있는 아프가니스탄은 대륙성 건조기후 지역이며 기온의 차가 매우 크다. 종족구성은 아프칸족 (60%), 타직족(30%) 등으로 대부분 이슬람교를 믿는다.

농업과 목축업이 주산업으로 양과 염소 등으로 유목성이 성하고 동부의 카불강 유역에는 밀, 보리 등이 재배된다. 예로부터 동 · 서실크로드 교역의 중심지로 이루어진 카불(Kabul)은 전형적인 상업 도시로 성장해 왔다. 근대에 와서 1919년 8월 19일 영국으로부터 독립한 이 나라는 1970년대부터 계속된 내전으로 세계 최빈국으로 전락되어 후발 개발도상국의 처지에 놓여있다.

카불(Kabul)의 옛 왕궁

특히 반세기 동안 세계 초강대국인 소련과 미국 등으로부터 두 번이나 싸우고 내전이 크게 세 번이나 터졌으며, 정치 체제가 여섯 번 바뀌었고 그에 따라 국호도 반세기 동안 다섯 번이나 바뀌었다. 1979년도에는 구소련이 10만 대군을 이끌고 아프가니스탄을 무력 침공하여 친소정권을 세우기 위해 회교 저항군과의 치열한 전투를 한 적이 있으며 미국 역시 아프가니스탄을 침공했다가 물러난 역사를 가지고 있다.

이들 강대국은 아프간 정권이 자국에 반하는 행동으로 국익을 손상시키거나 침략을 당하는 빌미를 제공할 시에는 가차 없이 침공하여 아프간 정권을 박살 내서 정권을 무너뜨리는 데 목적을 두고 있다. 국토가 고산지대, 암석, 사막 지대, 자동차나 TV 등을 처음 보았다는 극심한 오지 지역과 때와 장소

염소를 따라가는 이슬람 여성(출처 : 현지 여행안내서)

를 가리지 않는 탈레반들의 게릴라전 등에는 전비를 투자해서 국토를 접수할
이유가 없다는 것을 알고 자국이 마음에 드는 만만한 정권으로 교체시키고
난 후 물러나는 것으로 만족하였다. 그러나 한 치 앞을 모르는 아프간 군부는
세계 최강국들과도 우리는 싸워서 이겼다는 자부심이 대단하다.

　국토면적은 65만 2천230km²이며, 수도는 카불(Kabul)이다. 인구는 약
4,223만 9천860명(2003년 기준)이며, 종교는 이슬람교(99.9%), 기독교
(0.01%) 등 절대다수가 무슬림이다(수니파 80%, 시아파 19%). 공용어는 파
슈토어, 다리어, 튀르키예어 등이다.
　시차는 한국시각보다 4시간 30분 늦다. 한국이 정오(12시)이면 아프가니

스탄은 오전 7시 30분이 된다. 환율은 한화 1만 원이 아프가니스탄 약 580 아프가니 정도로 통용된다. 전압은 220V/50Hz를 사용하고 있다.

그리고 이슬람 신자는 하루 다섯 번 기도를 의무적으로 한다. 시간은 해뜨기 전, 정오 직후, 정오와 일몰 사이, 해가 진 후, 밤늦게 잠자기 전에 모두가 사우디아라비아의 메카 방향을 향하여 기도한다. 라마단(금식일)은 매년 이슬람 달력 9월 한 달간(조금의 유동은 있다) 일출과 일몰 사이에 의무적으로 금식을 생활화하고 있다.

이란 Iran

    이란(Iran)은 해발 460m 이상인 고원지대에 평균 고도 2,000m가 넘는 산들로 둘러싸여 있다. 실제로 저지대는 이라크와의 국경 주변에 있는 카룬강 유역과 페르시아만, 오만만 주변의 좁은 연안 지대, 카스피해 주변의 연안 늪지대뿐이다. 북쪽 엘부르즈산맥에는 이란에서 가장 높은 다마반드산(5,604m)을 비롯하여 여러 개의 화산이 솟아 있다. 엘부르즈산맥은 카스피해 연안을 따라 뻗어 나가다가 동쪽 국경을 이루는 호라산(후라산)산맥과 만난다. 호라산산맥은 남쪽의 발루치스탄산맥과 함께 동쪽 내륙 고원지대의 경계를 이룬다. 대부분 불모지인 고원은 광활한 염분 사막이 특징적이다. 이란에서 가장 큰 산맥은 자그로스산맥으로, 북서쪽 아르메니아 국경지대에서 뻗어 나와 남동쪽 마크란산맥까지 이어져 있다.

    대체로 강수량이 적은 지형으로 카스피해 주변의 좁은 연안 지역만 연 강수량이 1,000mm 이상이며, 내륙의 염분 사막은 100mm도 되지 않는다. 강들은 대부분 계절 천이며, 내륙을 흐르는 물길들은 대부분 해안 늪지대로 흘러들거나 지하수가 된다. 배가 다닐 수 있는 강은 카룬강뿐이다. 지역에 따라 기온 차가 아주 심해 페르시아만 주변의 여름 기온이 55℃인 반면, 북서부 아제르바이잔(아자르바이잔) 부근의 겨울 기온은 −37℃에 이른다.

국토의 2분의 1 이상이 황무지로 거의 사람이 살 수 없는 염분 사막이다. 전 국토면적 가운데 약 100분의 1이 경작지이며, 4분의 1은 목초지로 이용된다. 농경지 중 관계가 이루어지는 3분의 1가량은 대부분 사막과 산맥 사이의 변두리 구릉 지대에 위치한다. 국토의 약 8분의 1을 차지하는 산림은 대부분 카스피해 주변에 위치하는데, 수종은 떡갈나무, 너도밤나무, 린덴, 느릅나무 및 활엽 상록수 등이 주종을 이룬다. 늑대 여우, 표범, 살쾡이, 영양, 사슴 등의 야생동물이 많이 서식하며 야생염소와 양들도 있다. 풍부한 매장량을 자랑하는 유전은 남서부 페르시아만 어귀에 몰려있다. 세계 석유매장량의 약 9%를 차지하는 이란의 석유매장량은 세계 제5위이며, 천연가스 매장량은 세계 매장량의 7분의 1을 차지한다. 석탄, 구리, 철광석도 상당량 매장되어 있다.

이란 국민의 4분의 3은 페르시아인들과 쿠르드족 등으로 구성된 이란인이다. 그 외에 튀르크족은 인구의 약 5분의 1을 구성하며, 나머지는 아랍인과 아르메니아인 등이 있다. 서부 산악지대에는 정부의 동화 노력에 저항해온 유목민족인 쿠르드족과 페르시아 원주민으로 보이는 반(半)유목민족인 루르족이 살고 있으며, 에스파한(이스파한) 서쪽 자그로스산맥에는 루르족과 밀접한 관련이 있는 바흐티아리족이 거주하고 있다.

루르족과 바흐티아리족 모두 페르시아어 방언인 루르어를 쓰며, 발루치스탄에 사는 발루치족도 루르어를 사용한다. 이란에 거주하는 또 하나의 민족

집단인 아르메니아인들은 인도·유럽어족에 속하는 고유 언어를 계속 쓰고 있다.

인구 가운데 튀르크계의 비율은 적은 편이지만 이란인의 4분의 1가량이 튀르크어에 속하는 언어를 사용한다. 3개의 주요 튀르크계 민족 집단은 이란 서북부 모퉁이의 아제르바이잔인과 페르시아만 동쪽 시라즈 지역의 카슈카이인, 동북부 호라산 지역의 투르크멘족 등이다. 소수의 셈족(유대인, 아시리아인, 아랍인)도 거주한다.

이란인들은 거의 다 이슬람교도로서 대부분 공식 국교인 시아파 이슬람교를 신봉하며 기타 조로아스터교 등의 소수종교가 분포하고 있다. 공식어는 페르시아어이고 튀르키예어, 쿠르드어, 아랍어 등도 사용되고 있다. 2022년 기준 이란의 인구는 8,568만 3,745명이고, 인구밀도는 51명/km²이다. 15세 이하 인구가 전체 인구의 4분의 1을 차지하고, 도시거주자는 인구의 4분의 3을 차지하고 있다.

정식 국가명칭은 이란회교공화국(Islamic Republic of Iran)이며, 수도는 테헤란(Teheran)이다. 민족구성은 페르시아인(51%), 아제르바이잔족(24%), 길락마잔다란족 등이고, 기후는 온대 습윤성 기후, 지중해성 기후, 내륙성 기후 등을 내포하고 있다. 종교는 이슬람교가 전체 인구의 98%를 차지하며 시아파(94%), 수니파(4%), 기독교(0.15%), 조로아스터교(0.03%), 유대교(0.01%) 순이다. 시차는 한국시각보다 6시간 늦다. 한국이 정오(12시)이면 이란은 오전 6시가 된다. 환율은 한화 1만 원이 이란 평균 200리얄 정도로 통용된다. 공용어는 페르시아어, 쿠르드어, 튀르키예어 등이 있으며,

전압은 220V/50Hz를 사용하고 있다.

1979년에 채택된 이슬람 공화국 헌법에 따라 최고 정치 권력은 국가의 종교지도자인 '발리이에 파키'에게 주어지며, 파키의 지위를 맡을 인물이 없는 경우에는 3~5명으로 구성된 종교지도자 의회가 그 역할을 대신한다.

종교지도자(또는 종교지도부)는 헌법수호위원회 위원 성직자 12명 중 6명을 임명한다. 헌법수호위원회는 단원제 국회인 이슬람 자문회의(마질레스)에서 통과된 법안의 합헌성과 이슬람 교리에 대한 충실성 여부를 심의한다. 마질레스는 국민투표로 선출된 270명의 의원으로 이루어지며, 의원의 임기는 4년이다. 행정부는 대통령과 총리가 함께 이끄는데 임기 4년의 대통령은 국민투표로 선출되며, 총리는 대통령이 임명한 후 마질레스의 승인을 받는다. 1987년 정당들이 해산되기 전까지 가장 중요한 정당은 집권 이슬람공화당이었다. 최고 사법권은 대법원과 최고 사법위원회를 구성하는 종교 재판관들에게 부여된다.

수도 밖의 위생 상태는 아주 나쁜 편이며, 소도시들과 농촌 지역에서는 비위생적인 환경이나 의료진, 의료시설 부족으로 어려움을 겪는 경우가 많다. 성홍열, 백일해, 폐결핵, 장티푸스와 같은 전염병이 널리 퍼져 있으며, 유아 사망률도 세계 기준인 중동 기준보다 상당히 높아 심각한 문제가 되고 있다. 평균수명은 남자 66세, 여자 69세이다.

5년 동안의 초등 의무교육이 규정되어 있지만, 농촌의 경우 부모의 반대 또는 시설 부족 등의 이유로 학교에 다니지 못하는 어린이들이 많다. 중등교육 제도는 비교적 발전 수준이 낮은 편으로, 주로 소수의 학생에게 대학입학

준비 수준의 교육을 시행하는 데 그친다. 문맹률은 다른 아랍 국가들과 비교할 수 없을 정도로 높다. 언론은 이슬람 공화국 통신사에서 통제한다.

이란은 네자미, 페르도우시, 사디, 오마르 하이얌과 같은 세계적으로 유명한 시인들을 배출해왔으며, 모스크를 비롯한 건축으로도 유명하다. 페르시아 양탄자는 아직까지 그 예술성과 장인정신으로 감탄의 대상이 되고 있다.

이란에 사람이 정착한 시기는 구석기시대 초기(BC 100000년경)로 거슬러 올라갈 수 있으나, 문자로 기록된 역사와 문명은 BC 3000년경 후제스탄의 엘람인들과 함께 시작되었다. BC 2000년 이후 인도유럽어족에 속하는 이란인들이 나타나 여러 왕국을 이루기 시작했다.

BC 728~550년 메디아 왕조가 번영을 누렸으나, 키루스 2세가 이끄는 페르시아군에 무너졌다. 그 후 중동지역에 광대한 제국을 세우고, 로마 제국이 나타날 때까지 가장 큰 제국으로서 번영을 누리던 페르시아 대제국은 알렉산더 대왕의 침략으로 사라졌고, 뒤이은 마케도니아의 셀레우코스 왕조도 원주민인 파르티아인들의 손에 차츰 무너져갔다(BC 247~ AD 226). 파르티아인들은 그리스어를 사용하는 제국을 세웠으나, 당시 끊임없는 로마와의 전쟁으로 약화되었다.

이란에서는 '혁명의 지도자', 혹은 그저 '최고지도자'라고 불리는 이슬람 성직자인 라흐바르가 정치계에서 가장 지위가 높으며, 이로 인하여 오히려 국민이 선출한 이란의 대통령은 라흐바르에 비하면 훨씬 제한된 권력을 가지고 있다. 현재의 라흐바르인 알리 하메네이는 호메이니의 타계 이후 현재까지 이란을 통치해오고 있으며, 환경, 경제, 외교, 교육 등 모든 분야를 총망

라하여 막강한 권한을 행사한다. 이뿐만 아니라 선거에도 합법적으로 개입할 권한마저 틀어쥐고 있다. 대통령의 권한인 장관 임명 또한 알리 하메네이의 재가가 있어야 가능하며, 또한 선거에서 선출된 대통령 당선자가 의회에서 공식적으로 대통령으로 취임할 때에 역시 하메네이의 허락이 필요하다. 또한 특히 중요한 장관직인 외교부 장관과 국방부 장관, 정보부 장관의 경우에는 거의 하메네이가 직접 후보를 추천하고 대통령은 이들 중에 고르기만 하는 방식으로 완전히 하메네이의 영향력 아래에 있다. 또한 외교 분야 역시 하메네이의 입김이 매우 강력하여, 모든 아랍과 서구 국가들에 파견되는 외교관들 역시 하메네이의 임명을 받아 그 자리에 올라간다. 그 외에도 의회에서 매년 심의하여 통과시키는 예산안 역시 하메네이의 허락이 필요하며, 법이나 규제 역시 하메네이의 마음대로 바꿀 수 있다. 2013년 〈로이터통신〉은 약 950억 달러 정도로 추산한 '세타드', 즉 라흐바르의 직속 재산 역시 의회의 간섭을 받지 않고 하메네이의 마음대로 운용할 수 있다고 한다.

이란 라흐바르는 이란 군대의 최고 통수권자이며, 군사 작전과 정보 작전 모두를 총괄하며 전쟁 선포나 평화 협정을 맺을 수 있는 권한도 오직 라흐바르에게만 있다. 또한 국영 방송사와 텔레비전 기업, 사법부 수뇌부, 경찰과 군대 수뇌부 역시 라흐바르가 직접 임명한 인사들로 구성되며, 이란의 최고 권력기구 중 하나인 수호자평의회를 구성하는 12명의 위원 중에서 6명을 라흐바르가 개인적으로 임명한다.

한편 이렇게 막강한 권력을 가지고 있는 라흐바르는 이슬람 최고위 성직자들로만 구성된 '전문가평의회(Assembly of Experts)'에서 선출되며, 만일 라흐바르가 지나친 권력 남용을 일삼거나 국민의 신망을 잃었을 경우 라흐바르를 해임할 권한 역시 가지고 있다. 다만 라흐바르를 견제하기 위한 초기의 목적과는 다르게, 현재까지 전문가평의회에서 라흐바르의 결정에 한 번이라도 반발한 적은 없으며, 한 번도 라흐바르를 해임하려 시도해 본 적조차 없다. 게다가 하메네이가 오랫동안 장기집권을 이어오게 되면서, 사실상 전문가평의회가 권력이 없는 채로 유명무실해졌다는 비판 역시 나오고 있는 현실이다. 오히려 역으로 하메네이가 이 전문가평의회의 이슬람 성직자들을 비판한 적이 많으며, 심지어 평의회의 위원들을 체포하거나 해임한 적도 여러 차례 존재한다. 예를 들어 하메네이는 전문가평의회의 아흐메드 아자리 쿠오미를 '배신자'라고 규정하고 체포하여 회의에서 쫓아낸 적도 있을 정도이다.

이란의 헌법에 의하면 이란에서 가장 높은 권력을 가진 사람은 당연히 이슬람 법학자이자 성직자인 라흐바르이며, 이 뒤를 이어 이란의 대통령이 그 다음으로 서열이 높다. 대통령은 약 4년마다 직접 선거로 선출되며, 내각을 구성하는 등의 권한이 있으나 다만 의회에서 취임하기 전에 라흐바르의 허락을 받아야만 하며, 게다가 대부분의 중대 결정을 라흐바르의 재가를 받고 시행해야 하기에 일반적인 대통령제 국가들의 대통령들에 비하면 그 권한이 상당히 약한 편이다. 또한 라흐바르는 마음에 들지 않는 대통령을 즉시 해임할 수 있는 권한마저 가지고 있으며, 이란 대통령은 단 한 번만 재선할 수 있다.

헌법에 의하면 대통령의 책무는 최고지도자, 즉 라흐바르의 명을 충실히 본받아 사회 곳곳에 이슬람 기풍을 불어넣고 사회적으로 안정된 상태를 만드는 것이라고 한다. 다만 앞서 말했듯이 이란 대통령은 타 국가들의 대통령들에 비하여 한없이 약한 권한을 가지고 있으며 라흐바르의 뜻에 위배되는 행동은 할 수 없기에, 딱히 자기 뜻대로 정책을 펼쳐 나가지만은 못한다. 이란 이슬람 헌법의 9장에는 대통령의 권한과 그 자격에 대하여 명시되어 있는데, 대통령은 라흐바르의 허가를 받았다는 전제하에 국가 정책 심의, 예산안, 실업, 국제 협약 등을 관할할 수 있는 권한을 가지고 있다고 한다. 대통령은 의회와 라흐바르의 허락을 받아 장관을 임명하여 내각을 꾸릴 수 있으나, 라흐바르는 만일 이들이 마음에 들지 않을 시 대통령이나 의회의 허가를 받지 않고 대통령과 장관 모두를 해임해버릴 수도 있다. 대통령 아래에는 8명의 부통령이 있으며, 내각은 총 22명의 장관으로 구성되고, 이들 모두 임명을 위해서는 의회의 허락이 있어야 한다.

본디 이슬람 혁명이 일어나기 전, 즉 팔라비 왕조 시기의 이란은 친미, 친서방 계열의 국가였으나, 혁명이 일어나 이슬람 정부가 들어선 이후부터는 친미 색채가 많이 사라지며 최소 중립, 혹은 반미 성향이 강해지기 시작하였다. 특히 1979년 이래 이란 정부는 국내 외세의 영향력을 최소화하며, 제삼지대의 국가들과 교류를 강화하는 방향으로 기본적인 외교 방향을 잡고 있다.

2005년부터는 이란의 핵 개발 프로그램이 국제 사회의 뜨거운 화두로 떠오르면서 이란은 점차 외교적으로 고립되기 시작하였다. 특히 국제 사회의 맹주 격인 미국이 이란의 핵무기를 전략적 위험으로 판단하고 시정을 요구하기 시작하였고, 이후 안전보장이사회를 설득하여 이란에 대한 대대적인 제재에 나서면서 미국과 이란 간의 관계는 갈수록 악화일로로 치달았다. 이 때문에 이란은 2000년대 후반부터 국제 사회에서 정치·경제적인 면에서 모두 고립되기 시작하였다. 2009년 기준으로 이란 정부는 유엔에 속해있는 국가 중 99개국과 외교 관계를 수립하고 있었다. 다만 이 수교국 중 미국과 이스라엘은 포함되지 않는다. 또한 이란은 시아파의 중심 국가이기 때문에 같은 무슬림 국가이자 수니파의 중심 국가인 사우디아라비아와도 시아파, 수니파의 종교 갈등 때문에 미적지근한 외교 관계를 유지하고 있다. 또한 이란은 예루살렘을 팔레스타인의 수도로 인정하고 이스라엘을 아예 국가로 인정하지 않는 등, 팔레스타인 분쟁에서는 팔레스타인 자치 정부의 편을 들고 있다. 이란은 현재 G-77, IAEA, IBRD, IDA, IFC, ILO, IMO, 인터폴, OIC, OPEC, WHO, UN의 회원국이며, 세계무역기구의 옵서버 국가이기도 하다.

대한민국과의 관계는 1962년 10월 23일에 수교하였다. 조선민주주의인민공화국과는 1973년에 수교하여 이란-이라크 전쟁 때 이란을 군사적으로 지원했던 적이 있었다.

2016년부터 이란과 대한민국을 직접 연결하는 항공편은 없으며, 두바이 등지를 경유해야 이란에 갈 수 있다. 2016년 3월에 대한항공이 인천 테헤란 직항 노선의 운수권을 받았다. 하지만 이란 국내의 인프라 부족 및 비자 문제로 인하여 화물기를 우선 취항할 예정이었지만 지금까지 결실을 보지 못하고 있다.

팔라비 왕조가 맛이 가기 시작한 이유는 제2차 세계대전이 한창 진행되고 있던 1941년 6월, 나치 독일은 독소불가침조약을 파기하고 소련을 기습적으로 침공하였다. 소련은 7월과 8월 사이에 즉시 연합국 세력과 동맹을 맺어 나치 독일과의 전쟁에 들어갔으며, 연합국 세력의 주축이었던 영국은 이란 정부에 이란 내에 거주하는 모든 독일인을 추방할 것을 요구하였다. 그러나 레자 샤는 이를 주권 간섭으로 보고 독일인 추방을 거부하였으며, 이로 인하여 1941년 8월 25일에 영국과 소련이 기습 공격을 감행하였다. 두 강대국에 맞서 싸울 국력이 부족했던 레자 샤는 즉시 항복하였으며, 연합국은 이란의 항복으로 인하여 소련으로 향하는 유전 공급선을 유지하고 페르시아만의 유전을 확보하며 독일군이 튀르키예를 통하여 소련 국경 내로 진군하는 것을 사전에 차단할 수 있었다. 레자 샤는 침공이 벌어진 지 얼마 지나지 않은 1941년 9월 16일에 퇴위하였고, 당시 21세의 젊은 왕세자였던 모하마드 레자 팔라비에게 왕위를 승계하였다.

이후 2차 세계대전 내내 이란은 영국과 미국, 소련 등 연합국들의 전진기지로 사용되며 연합국에게 막대한 양의 자금과 자원을 제공하였다. 또한 12만 명에 달하는 폴란드 난민들을 수용함과 동시에 폴란드 해방군들의 본거지로 사용되기도 하였다. 1943년에는 스탈린, 루스벨트, 윈스턴 처칠 등 연합국의 3개국 정상들이 모여 테헤란 회담을 열기도 하였으며, 이 회담에서 전후 이란의 독립을 확고히 하고 이란 국경을 확정 짓기도 하였다. 그러나 전쟁이 막바지로 치달을 때 즈음에도 소련 군대는 이란을 떠나기를 거부하였고, 이란 북서부 지역에 2개의 위성국을 세웠으니 이것이 바로 아제르바이잔인민공화국과 마하바드공화국이다. 이로 인하여 이란과 소련 간의 갈등이 첨예해졌으며, 소련에 유전을 넘겨주는 조건으로 1946년 5월에야 소련군이 모두 이란 영토에서 퇴각하였다. 참고로 두 위성국가는 얼마 지나지 않아 무너졌으며, 유전 할양은 후에 취소되었다.

단란했던 왕실 가족

　모하마드 레자 팔라비 마지막 왕국의 사연을 살펴보면 1951년에는 모하마드 모사데그가 이란의 총리에 취임하였으며, 이란의 석유 기업들과 유전들을 국유화한 이후 국민의 압도적인 지지를 얻으며 대중세를 탔다. 그러나 모사데그 총리는 영국과 미국이 뒤에서 공모한 1953년 쿠데타로 실각하였다. 참고로 이 사건은 미국이 냉전 시기 동안 해외 정부를 전복하는 데에 참여한 첫 사건이기도 하였다.

　쿠데타 이후, 자신의 권력마저도 빼앗길 것을 우려한 레자 팔라비 국왕은 점차 권위주의적인 성격으로 변해갔으며, 일부러 미국, 영국 등과 밀착하면서 서구권에 가까운 모습을 보이며 권력을 유지하려 들었다. 팔라비 국왕은 이란의 서구화와 현대화를 내세웠으며, 이란에서 종교적인 색채를 제거하고 세속적인 사회를 만든다는 내용의 백색혁명을 창안하였다. 그러나 그는 이 과정에서 SAVAK라는 이름의 비밀경찰을 동원하여 임의체포, 고문 등을 자행하였으며, 모든 형태의 정치적 반대파들을 탄압하는 등 막강한 독재 정치를 펼치기도 했다. 이 과정에서 급진적인 이슬람 율법 학자였던 루 홀라 호메이니는 팔라비 국왕의 백색혁명에 반대 의견을 활발히 개진하면서 국왕의 정치적인 반대파로 급부상하였고, 이후 정부를 아예 부정하기까지 하면서 18개월 동안 수감생활을 하기도 했다. 1964년에 출소한 이후에도 호메이니는 자신의 의견을 굽히는 것을 거부하였고, 이로 인하여 결국 이란에서 추방되고야 만다.

1973년에 석유가 정점을 찍자 이란 경제에는 외화가 쏟아져 들어왔고 이로 인하여 인플레이션이 유발되었다. 1974년에는 이란 경제는 두 자릿수의 인플레이션을 기록하면서 최악으로 치닫고 있었고, 현대화 정책 과정에서 엄청난 규모의 부정부패가 벌어지면서 정부는 갈수록 썩어들어가고 있었다. 1975년과 1976년의 경제 침체로 인하여 실업률이 급격히 증가하고, 특히 1970년대 초에 건설 붐이 일어나면서 일자리를 찾아 도시로 이주한 젊은 층들이 경제 침체에 따라 일자리를 모두 잃어버리고 전전하게 되며 사회는 갈수록 불온해져만 갔다. 팔라비 왕조 말기인 1970년대 후반에 이르자 이들은 모두 국왕의 급진적인 서구화 정책에 강한 불만을 갖기 시작하였고, 점차 항의 시위를 개최하면서 왕정을 폐지할 뜻까지 드러내었다.

이슬람 혁명 이후 1979년에는 팔라비 왕조의 반대세력들이 모여 이슬람 혁명을 일으켰고, 이로 인하여 1979년 2월에는 레자 팔라비 국왕이 미국으로 망명하고 루홀라 호메이니가 망명 생활에서 벗어나 테헤란으로 귀환하는 데에 성공하면서 마침내 이란 최후의 왕조인 팔라비 왕조마저 무너지게 된다. 이후 1979년 4월에 국민투표를 거쳐서 이란은 일반국가에서 '이슬람공화국'으로 체제를 전환하였으며, 1979년 12월에는 또 국민투표를 거쳐 신정 헌법 제정에도 박차를 가했다.

이후 이란의 급격한 이슬람화에 반발하여 전역에서 반대 시위가 일어났고, 쿠르드인들이 반란을 일으켰으며, 후제스탄 등지에서도 반란이 일어났다. 그러나 신생 이슬람 정부는 이를 무력으로 강경하게 진압하였고, 몇십 년 동안 극심한 탄압을 통하여 반대파들을 억누르기 시작하였다. 이슬람 정권은 이슬람권이 아닌 세력들을 모두 탄압하였으며, 심지어 무슬림이라고 할지라도 같은 급진파가 아니면 배척하였다. 초기에는 레자 팔라비 국왕을 쫓아내기 위하여 공산주의자들과 민족주의자들도 함께 이란 신생 정부 구성에 참여하였는데, 나중에는 호메이니의 명에 의하여 반국가주의자라고 누명이 씌워진 후에 대다수가 처형되거나 국왕에게 충성을 바치는 부패인사라고 몰려 해외로 쫓겨났다.

미국은 레자 팔라비 국왕이 송환된 직후 처형당할 것이 뻔했기에 국왕의 이란 송환을 거부한 직후인 1979년 11월 4일에 무슬림 학생들 일부가 미국 대사관을 점거하였으며, 52명의 외교관과 시민들을 인질로 잡고 미국에 협박문을 보냈다. 당시 지미 카터 미국 대통령은 즉시 이란 정부와 협상을 시도하는 동시에 구출 작전을 폈으나 작전은 실패하였고, 이로 인하여 지지도가 폭락한 지미 카터 대통령이 재선에서 실패하면서 로널드 레이건 대통령이 새롭게 취임하였다. 이후 호메이니가 상대적으로 유화적인 태도로 나오면서 인질 협상에도 실마리가 보이기 시작하였고, 카터 대통령 임기 마지막 날에 모든 인질이 국내로 귀환하는 데에 성공하면서 이 사태도 끝난다. 한편 이 사건의 원인이라고도 할 수 있는 팔라비 국왕은 이후 미국을 떠나 이집트로 향했으며, 얼마 지나지 않은 1980년 7월 27일에 암으로 이집트에서 그대로 사망하였다.

필자는 이란에 대한 여행을 많이도 그리워하고 여행을 가고 싶었지만, 다음과 같은 상황들과 외교부의 비자 문제로 인해 이란여행은 뜻을 이루지 못하였다.

2018년 5월 10일 이스라엘과 이란이 미국의 핵협정 탈퇴로 인해 중동에 전운이 감돌아 당분간 이란여행을 포기해야 했고, 2020년 1월 3일 이란혁명 수비대 정예군 사령관 검셈 솔레이 마니가 이라크 바그다드 국제공항에서 미국의 무인기 공격으로 동료 8명과 함께 표적 사살되었기에 역시 정세가 불안하여 당분간 이란으로 가는 여행의 뜻은 접어야 했다. 그 당시 TV 화면에서는 차량 내외가 새까맣게 불에 타는 것을 눈으로 확인할 수 있었다.

그리고 실질적인 이란여행은 2022년 12월 6일에 이루어졌다.

'이란'이라는 단어는 중세 페르시아어 'Eran'에서 유래하였으며, 3세기에 만들어진 낙쉐 로스 탐의 석비에 처음으로 사용 용례가 발견된 바 있다. '이란'이라는 단어는 이란 민족을 일컫는 단어이자 초기 인도유럽어족의 명칭인 '아리아'에서 변형이 일어난 것으로, 중세 파르티아어로 '아리아(Ariya)'라고 부르는 것이 중세에 들어와 '이란'으로 바뀌기 시작하여 이것이 현재까지 유지되고 있다. 이 해석에 따르면, '이란'이라는 국호는 '아리아인들의 땅'이라는 뜻을 가지고 있으며, 최소한 아케메네스 왕조 이후부터 이 단어가 이란 지역을 부르는 데에 널리 사용되었다고 한다.

　역사적으로 서방세계는 현재 이란 지역을 '페르시아'라고 불렀다. 이는 고대 그리스인들이 이란 지역을 '페르세스'라고 불렀던 것에서 유래한 것인데, 고대 이란계 부족들이 살던 땅의 이름이 '파르사(Parsa)'였던 까닭으로 그리스인들이 이란 쪽에 살고 있는 모든 민족을 통틀어 '페르세스', 혹은 '페르시아'라고 쓴 것이 후대에 남겨져 서구 세계에 완전히 정착된 것이라고 볼 수 있다.

　1900년대까지만 해도 서방세계의 영향으로 국제 사회에서는 이란 지방을 '페르시아'라고 칭하는 경우가 훨씬 많았다. 그러나 1935년에 레자 샤는 국제사회에게 자국을 '페르시아'라고 칭하지 말고 현지에서 더 많이 쓰이는 이름인 '이란'으로 불러주기를 요청하였고, 이후 점차 국제적으로도 '페르시아'라는 단어보다 '이란'을 훨씬 대중적으로 사용하기 시작하면서 '이란'이 완전히 국호로 굳어지게 된다. 따라서 현재 '이란'은 국가의 이름을 부를 때 주로 사용하는 단어이며, '페르시아'는 국가를 칭하는 단어라기보다는 이란 내부의 문화, 지방, 혹은 역사적인 서술을 할 때 더 자주 사용되는 표현이다.

　이란의 총 국토면적은 약 1,648,195km²이며, 북위 24도와 40도 사이, 동경 44도와 64도 사이에 자리하고 있다. 북서쪽으로는 약 35km에 달하는 국경을 아르메니아와 접하고 있으며, 그 옆에 북쪽으로 아제르바이잔과는 611km에 달하는 국경선을 사이에 두고 서로 마주 보고 있다. 또한 북동쪽에는 투르크메니스탄이 있으며, 동쪽으로는 아프가니스탄이 자리하고 있다. 남동쪽으로는 파키스탄이 있으며, 서쪽으로는 이라크와 튀르키예와도 동시에 국경을 서로 접하고 있어 상당히 많은 국가와 국경을 마주하고 있다.

이란 국토의 대부분은 이란 고원으로 이루어져 있으며, 후제스탄 일대와 카스피해를 접하고 있는 일부 해안지대만이 예외에 속한다. 이 때문에 세계적으로도 가장 산악 지방이 많은 국가이며, 기본적으로 험준한 산맥들이 상대적으로 평평한 분지들을 갈라놓고 있는 형태를 취하고 있다. 특히 가장 산들이 많은 지방인 서부 지방에 사람들이 많이 살고 있으며, 코카서스산맥, 자그로스산맥, 알보르즈산맥 등 수많은 산맥이 이곳에 자리하고 있다. 이란의 최고봉은 다마반드산으로, 그 높이가 무려 5,604m에 달하여 아시아에서 힌두쿠시산맥 서쪽에 있는 산 중 가장 해발고도가 높다.

이란 북부지방은 카스피해의 영향을 받아 거대한 혼합림이 채우고 있다. 한편 동부지방은 대체로 카비르사막과 같이 거대한 사막들이 자리하고 있으며, 가끔 소금 호수들도 찾아볼 수 있다. 이란에서 찾아볼 수 있는 거대 평원들은 카스피해 근처와 페르시아만 쪽 해안의 북쪽 근방 지역에서만 겨우 찾아볼 수 있다. 나머지 소규모의 평원들은 대부분이 산맥들에 의하여 갈라지고 쪼개진 형태를 하고 있어서, 이란에서는 대평원이라고 할 만한 지형은 찾아보기 어렵다.

이란은 독자적인 달력 체계를 따로 사용하고 있는데, 이를 '헤지라 태양력', 혹은 '페르시아 태양력'이라고 부른다. 이슬람이 페르시아 지방에 전파된 621년을 원년으로 하고 있으며, 춘분을 1년의 시작으로 잡는다. 1925년 3월 31일부터 공식적으로 사용되기 시작하였으며, 12개의 달로 이루어져 있다. 각 달의 이름은 고대 페르시아 달들의 이름을 그대로 따와서 사용히고 있디.

1월은 파르바딘, 2월은 오르디베헤스트, 3월은 초르다드, 4월은 티르, 5월은 아모르다드, 6월은 사리바르, 7월은 메흐르, 8월은 아반, 9월은 아자르, 10월은 데이, 11월은 바흐만, 12월은 에스판드라고 부른다.

한편 이슬람 세계에서는 이슬람 음력을 따로 사용하고 있는데, 양력을 사용하는 이란과는 일부 차이가 발생하기 때문에 이란 내에서 중요한 이슬람 행사들의 경우에는 무조건 이슬람 음력을 사용하여 날짜를 표기한다. 또한 국제적으로 통용되는 서양력은 민간에서는 거의 사용되지 않으며, 대부분 국제적인 외교행사 등에서만 간간이 사용된다.

이란의 법정 공휴일은 이란 태양력을 기준으로 이맘 후세인 사망 40주일인 1월 14일, 하산 순교일인 1월 22일, 이맘 레자 순교일인 1월 24일, 혁명의 날인 2월 11일, 석유 국유화의 날인 3월 19일, 신년 연휴인 3월 21일, 이란공화국의 날인 4월 1일, 자연의 날인 4월 2일, 이맘 파테메 순교일인 4월 26일, 호메이니 서거일인 6월 4일, 이맘 아크람 선지자 공인일인 6월 19일, 이맘 메흐디 탄신일인 7월 6일, 이맘 알리 순교일인 8월 11일, 라마단 종료일인 8월 20일, 이맘 사데그 순교일인 9월 13일, 양 잡는 날인 10월 27일, 이맘 알리 선지자 공인일인 11월 4일, 이맘 후세인 사망일인 11월 25일 등이 있다. 한편 매년 7월부터 8월까지 행하는 라마단 금식 기간은 공휴일은 아니나, 많은 관청과 은행이 개점 휴무에 들어가며, 무슬림들은 일출부터 일몰까지 금식하면서 무함마드의 고행을 되새기는 기회로 활용한다.

테헤란은 이란의 수도이자 테헤란주의 주도이며 엘부르즈산맥의 남쪽 경사면에 자리 잡고 있다. 이곳은 1220년 고대 이란의 수도 레이를 뒤이은 곳으로, 지금도 레이의 자취를 찾아볼 수 있다. 16~18세기에는 페르시아 사파비 왕조의 중심지였고 1788년 모하마드 칸이 수도로 정하면서 크게 발전되었다.

　1943년 제2차 세계대전 연합국 대표들의 테헤란 협상이 개최되었으며 이란의 독립을 보장하는 내용도 포함되어 있었다. 이란 제조품의 절반 이상이 테헤란에서 생산되고 있으며, 직물, 시멘트, 설탕, 도자기, 도기, 전기장비, 약품 등이 공장에서 만들어진다. 자동차 조립공장도 있으며, 레이에는 정유소가 있다. 철도, 도로, 공항도 있다.

　카스피해에서 100km 떨어진 엘부르즈산맥의 남쪽 경사면에 자리 잡고 있는 테헤란은 1220년 몽골족에 의해 파괴된 고대 이란의 수도 레이를 뒤이은

테헤란의 상징 아자디타워

곳으로, 테헤란 남쪽에서는 지금도 레이의 자취를 찾아볼 수 있다. 테헤란 마을은 4세기에는 레이의 교외였는데 레이가 몰락한 후 많은 주민이 이곳으로 옮겨온 것으로 보인다.

16~18세기에는 페르시아 사파비 왕조의 중심지였다. 1785년 카자르 왕조(1779~1925)의 창시자인 아가 모하마드 칸이 이 도시를 점령하고 1788년에 수도로 정하면서 두드러진 발전을 이루었으며, 그 후에도 계속 이란의 수도 역할을 했다. 1925년 카자르 왕조의 마지막 왕이 폐위되고, 레자 샤 팔라비(1925~1941 재위)의 통치가 시작되면서 이 도시는 크게 확장되었다.

1943년 미국, 영국, 소련을 대표하는 제2차 세계대전 연합국 대표들이 테헤란 협상을 통해 여러 사항을 결정했는데 그중에는 이란의 독립을 보장하는 것도 포함되어 있었다. 모하마드 레자 팔라비(1941~1979 재위)가 통치하는 동안 석유산업이 붐을 일으켜 테헤란은 급속도로 현대화되었다. 1979년 팔라비가 타도되고 이란에 이슬람 공화국이 수립되면서 경제와 정치적인 어려

니아바란궁전

골레스탄궁전

움이 겹쳐 도시의 발전이 저지되었다.

유행을 선도하는 현대적인 시가지는 북쪽에 있으며, 옛 시가지와 바자르는 남쪽에 있다. 중요한 건물들로는 세파살라르사원, 바하르스탄궁전(마질레스, 즉 의회가 있는 곳), 샴스올에마레, 니아바란궁전 등이 있다. 골레스탄궁전(유명한 공작 왕좌와 보석이 박힌 나데리 왕좌가 있음), 사아다바드궁전, 마르마르(대리석)궁전은 지금 박물관으로 이용되고 있다.

이곳에는 유명한 고고학 박물관과 민속 박물관이 있으며 국립대학인 테헤란대학교와 아리아메르공과대학이 있다. 그리고 우리는 테헤란 시민들이 가장 사랑하는 네이처다리와 테헤란 그랜드 바자르를 둘러보고 숙소로 향했다.

케르만(Kerman)은 이란 동남부 케르만 주의 주도로 키르만으로도 불린다. 케르만은 야즈드와 자히단을 잇는 교통로에 위치해 있으며, 각각 서쪽으로 250km, 동쪽으로 300km 떨어져 있다. 그 외에 남쪽으로 350km 방면에 항구도시 반다르아바스가 자리해 있고, 북으로 1,500km 떨어진 곳에 니

네이처다리

샤푸르가 있다. 동쪽 산악지대 너머에는 광활한 루트사막이 펼쳐져 있고, 북으로는 황무지라 과거부터 중앙아시아 방면에서 오는 상인들이 거쳐오던 교역로였다. 현재 인구는 85만 명으로, 이란에서 10번째로 큰 도시이다. 사막에 둘러싸인 외진 위치 덕에 조로아스터교의 문화가 남아있는 이곳에 그 박물관이 있다. 시내 서쪽에 케르만 국제공항이 위치하고 있는데 케르만이 위치한 해발고도는 1,755m이다.

케르만은 본래 사산 제국의 창건자 아르다시르 1세가 발루치스탄 방면 유목민족들의 습격을 대비하여 세운 베흐-아르다 시르(바르다시르) 요새에서 비롯되었다. 사산 제국은 바르다시르에 현재의 케르만주와 비슷한 면적을 관할하는 총독부를 설치하였다. 644년 이슬람 제국(라쉬둔 왕조)의 군대가 사

숙소 카라반이카호텔

산조의 마지막 총독을 전사시키고 일대를 정복하였다. 그럼에도 도시는 고립된 위치 덕에 조로아스터교와 이슬람 소수 종파인 카와리지파의 은신처로 이용되었다. 다만 후자는 1698년 우마이야 왕조에 의해 축출되었다. 이후 인도(신드) 원정의 거점으로서 아랍인들이 이주해 왔고, 725년경 시민의 대부분은 무슬림이었다. 그 무렵부터 도시는 모직물 산업이 발달하였다.

　18세기에 들어와 아프샤르 왕조를 거쳐 케르만은 1758년 잔드 왕조의 영토가 되었다. 그리고 1793년 도시는 잔드 왕조의 마지막 군주 로트프 알리 칸의 마지막 거점이 되었다. 카자르 왕조 군을 격퇴하고 케르만에 피신한 로트프 알리 칸은 6개월간의 격렬한 공성전 끝에 이듬해 사로잡혀 처형되었다. 케르만 시민들은 끝까지 알리 칸을 도와 저항하였는데 그 대가로 카자르 조

오아시스 지역 호텔

의아는 무함마드 칸에게 9일간 도시를 약탈하게 하였다. 그동안 시민 중 2만
여 명의 성인 남성이 눈알을 뽑힌 후 살해되었고 그 눈알 덩이를 전시했다.
여자와 어린이는 노예가 되었다. 젊은 미남 국왕인 로트프 알리 칸은 붙잡혀
고문을 당하고 죽었다. 로트프 알리 칸의 어린 아들은 거세되었고, 왕비는 강
간당하고, 공주들은 성노예로 끌려갔다. 특히 가장 격렬히 저항했던 조로아
스터교 공동체는 막대한 피해를 입었고 카자르 왕조 내내 탄압에 시달려야
했다.

케르만은 1801년 총독으로 부임한 이브라함 칸에 의해 재건되었지만, 현
대에 들어와서야 과거의 인구를 회복할 수 있었다.

밤(Bam)의 밤 유적지는 이란의 케르만주(Kerman Provinc)의 밤 지역
(Bam District)으로 이란 고원 남쪽 끝자락인 사막 지대에 있다. 밤의 기원
은 아케메네스 시대(Achaemenid Dynasty, 기원전 6세기~기원전 4세기)
로 거슬러 올라간다. 7~11세기에 전성기를 누린 밤은 주요한 교역로의 중심

라연 시타델 유적지

지였으며, 비단과 면직물 생산지로도 유명했다. 이 오아시스에는 지하 관개 시스템인 카나트(Qanats)가 있으며, 밤의 카나트에는 이란에서 가장 오래된 흔적 몇 가지가 남아있다. 아르게 밤(Arg-e Bam)은 진흙층(Chineh)을 이용한 고유의 건축 공법으로 건축한 중세의 가장 대표적인 요새 도시이다.

밤 유적지는 서남아시아의 사막 지대에 발달한 교역의 중심지와 지역 경관을 보여주는 대표적인 사례이다. 이란 고원 남쪽에 있는 밤은 주요한 교역로의 중심지에서 번창하였다. 이는 주변과 다양한 영향을 주고받은 대표적인 사례이기도 하다. 밤은 서남아시아를 대표하는 요새 도시로서 진흙 벽돌(Khesht)을 진흙층 공법으로 쌓아 만들었다. 밤 지역의 경관은 사막 지대에서 인간과 자연이 카나트를 매개로 하여 상호작용한 대표적인 사례이다. 이 시스템은 과업과 책임을 정확히 따지는 엄격한 사회 구조에서 발생되었으며 현재까지 사용되고 있다. 그러나 지금은 변화를 거스를 수 없게 되었다.

밤은 이란 남동부의 제발 바레즈(Jebal Barez)산맥과 루트(Lut)사막 사이

동굴 내 숙소

를 기점으로 해발 1,060m 지점에 있다. 이 밤 지역이 2003년 12월 26일에
리히터 규모 6.5 지진을 겪었다. 이때 26,000명 이상의 인명 피해를 입었고,
밤 지역 대부분이 파괴되었다. 밤은 지하 관개 시스템(카나트) 덕분에 오아시
스에서 번창할 수 있었다. 카나트는 오늘날까지도 그 기능을 유지하고 있다.
중요한 핵심 지역은 요새(아르게 밤)와 그 일대이다. 이 지역의 외부에도 특
정한 터들이 남아있는데 역사 유적으로 보호를 받고 있다.

열거하자면 칼레 도흐타르(Qal'eh Dokhtar, 처녀의 요새, 7세기경), 에
맘자데 제이드 마우솔레움(Emamzadeh Zeyd Mausoleum, 11~12세기),
에맘자데 아시리 마우솔레움(Emamzadeh Asiri Mausoleum, 12세기)이
다. 요새의 성벽 안에는 38개의 망루가 있는데, 정문은 남쪽에 있고 그 밖에
3개의 다른 문이 더 있다.

외부 방어벽 밖에는 해자가 있다. 방어벽은 통치구와 유서 깊은 밤 지역을
에워싸고 있다. 인상 깊은 통치구는 성벽 안 북쪽 바위산(45m) 위에 있으며,

밤 문화 유적지

요새화된 이중벽이 둘러싸고 있다. 유서 깊은 밤 지역의 주거지는 성벽 안 남쪽에 있다. 남쪽 정문과 북쪽 통치구를 연결하는 시장이 유명하며, 동쪽에는 모스크, 미르자 나임 앙상블(Mirza Naim Ensemble, 18세기), 미르 하우스(Mir House)가 있다.

8~9세기에 축조한 이슬람 사원은 이란에서 가장 오래된 건축물로 추정되며 17세기경에 재건되었다. 성벽 안 북서부에는 코나리 쿼터(Konari Quater)라는 또 다른 주거지가 있다. 밤 지역은 카나트 시스템이 발명되고 발달한 덕분에 생겨났다. 카나트를 이용하는 공법은 아케메네스 시대에 완성되었다.

밤 남동부 근교에서 발굴한 고대 카나트 유적은 적어도 기원전 2세기 초까지 거슬러 올라간다. 민간전승에 따르면 밤 지역을 만든 사람은 하프트바드(Haftvad)라고 한다. 하프트바드는 사산 제국(기원전 3세기)을 일으킨 아르다쉬르 바바칸(Ardashir Babakan)과 동시대 인물이다.

루트사막

밤이라는 이름은 '벌레(누에)의 부화'와 관련이 있는데 하프트바드가 케르만 지역에 비단과 면 직조법을 도입했다고 한다.

루트사막(Lut Desert)은 과연 얼마나 더울까?

지구에서 가장 더운 곳은 어디일까?

최근 미국 몬타나대학교 연구팀은 기상 위성 조사를 바탕으로 분석한 결과 지구에서 가장 더운 곳이 이란 루트사막이라고 밝혔다.

이 사막은 지난 2005년 섭씨 70.76도까지 올라가 지난 1922년 섭씨 57.77도를 기록한 리비아의 엘 아지지아 지역을 넘어서 지구에서 가장 더운 곳으로 선정됐다.

연구팀은 "다른 사막보다 루트사막은 건조가 극심해 지표가 태양열을 흡수하기 좋은 환경이어서 온도가 올라가기 훨씬 쉽다."고 설명했다.

지구에서 가장 더운 곳 루트사막에 네티즌들은 "사람이 살 수 없을 듯", "라면도 끓일 수 있겠다.", "70도라니 말도 안 된다." 등 놀라움을 표하고

루트사막

있다.

미국 외교 전문지 〈포린폴리시〉는 세계 10대 혹서지역을 소개했다. 극한의 더위지만 10대 혹서지역에는 많은 사람이 거주하며 활발한 경제활동이 이뤄지기도 한다. 이란 동부의 루트사막은 지난 2005년 70.76도를 기록했으며 극한 고온에 박테리아조차 살 수 없어 우유 살균 처리가 필요 없을 정도라고 밝혔다.

페르세폴리스(Persepolis)는 그리스어로 '페르시아의 도시'를 의미한다. 페르시아인들은 '파르사(Parsa)'라고 부른다. 페르시아 제국은 파르스에서 시작되었으며, 파르사는 제국의 이름이면서 동시에 수도로 사용되었다.

페르세폴리스는 기원전 518년 다리우스 1세 왕이 아케메네스 왕조의 수도로 세운 도시의 중요성과 가치로 인해 독특한 고고학적 유적으로 평가받고 있다. 1979년 유네스코 세계문화유산에 등재되었다.

페르세폴리스 유적 입구에는 거대한 사람의 얼굴에 날개를 가진 황소상이

페르세폴리스 도시유적지(출처 : 현지 여행안내서)

2쌍 조각되어 있는데, 하나는 동쪽을, 다른 하나는 서쪽을 향하고 있다. 아파다나는 72개의 대원주로 받쳐져 있고, 원주의 상부에는 황소와 뿔이 난 사자머리로 장식되어 있다. 아파다나에 오르는 계단 측벽에는 사냥하는 사자, 페르시아 친위대, 전 세계에서 조공하는 민족의 부조가 있어 당시의 뛰어난 건축미를 볼 수 있다. 왕의 집무실

페르세폴리스 정문

황소상

전 세계에서 조공하는 민족의 부조

페르세폴리스 전경

옥좌에 앉은 다리우스 1세와 왕세자 크세르크세스 아래로 신하들이 줄을 맞추어서 있는 부조는 테헤란 국립박물관에 전시되어 있다.

페르세폴리스는 그리스와 로마, 이집트의 건축과는 다르다. 웅장하지만 아기자기하고 섬세한 부조가 감탄을 불러일으킨다. '알렉산더에 의해 파괴되지 않았다면 얼마나 아름다웠을까.' 하고 상상을 해본다. 페르세폴리스를 건설한 다리우스왕은 성경에도 나온다. 구약성경 에스라에는 다리우스가 포로에서 귀의한 유다 백성이 이민족의 방해로 성전재건에 어려움을 겪자 고레스왕의 칙령을 확인하고 성전재건을 지속할 수 있도록 후원해 주었다고 한다.

성전은 다리우스 6년인 기원전 516년에 완공되었다. 이것은 기원전 586년에 느부갓네살에 의해 성전이 파괴된 지 정확하게 70년 후의 일이다.

페르세폴리스를 가려면 시라즈에 가야 한다. 시라즈에는 이란의 유명한 시인 하페즈의 묘가 있고 하페즈의 시가 아름답다.

교류의 유물적 전거로서 오아시스로의 유적 시라즈는 이란 서부 자그로스

페르세폴리스 전경

페르시아 정원

페르시아식 정원

산맥 이남의 가장 큰 도시로서 파르스주(州)의 주도다. 남부 자그로스 산계의 중심부에 위치하고 토질이 비옥하여 일찍부터 농경이 발달하였다. 이들 농경민들과 주변의 카슈가이족이나 함세(khamseh)족(이란인과 아랍인의 혼혈족) 등 유목인과의 교역도 활발하였다. 그뿐만 아니라 시라즈는 지리적으로 남으로는 페르시아만과 북으로는 내륙 각지로 통하는 교통의 요지에 위치해, 옛날부터 행정 군사 교역의 거점 역할을 해왔다.

문화적으로는 동북방 60km 지점에 있는 페르세폴리스와 가까워서 아케메네스조 시대 이래 전통문화의 영향을 받아왔다. 시라즈의 정확한 건설 연대는 미상이나, 이슬람의 정통 칼리파 시대의 제2대 칼리파 오마르(재위 634~644)가 이곳을 정복한 후 건설하였다가 우마이야 아랍 제국의 제5대 칼리파 압둘 말리크 치세 때 이라크 총독의 사촌 무함마드 본 까심 무함마드가 재건하였다.

10세기 부와이조(Buwayh, 932~1062)의 아두드 앗 다울라(Adu-

피타아드궁전

아두드 앗 다올라궁전

dal—Dawlah, 재위 979-982) 치세 때에 궁전과 병원, 도서관 등을 짓고 시가를 정비하였다. 그는 또한 시라즈 남방 2.5km 지점에 이궁(離宮)과 병영도 지었다. 이어 1044~1048년 기간에는 처음으로 둘레가 19km에 12개의 성문이 달린 성벽을 축조하였으며, 14세기 중엽 일칸국 시대에는 성벽을 개축하고 도성을 17개 구역으로 나누었고 성문을 9개로 축소하였다.

시라즈의 명물로는 루드카네예(Rudkhaneye) 수로가 있는데, 봄이면 다파크산에서 녹은 눈의 물이 이 수로를 통해 근교의 마하를루(Maharloo)호수에 유입된다. 시내에는 자미아 아티크 마스지드(9세기 전반)와 사이드 본잔지 대사원(12세기 후반), 손꼬르(Songor)사원(13세기) 등 유명 사원 세 곳이 있다.

시라즈는 10세기 이래 10회 가까이 지진(특히 1813년과 1823년의 대지진)의 피해를 입었다. 몽골군과 티무르군의 서정(西征)에 파괴되기는 하였으나 다행히 큰 손상을 입지는 않았다. 그후 시라즈는 아프간인들의 잔드조

조로아스터 교인들이 조장을 하는 침묵의 탑

(1750~1794) 때 수도가 되면서 다시 발달하였다. 성벽이나 해자(垓子)와 도로가 정비되고 궁전, 시장, 마스지드 등도 새로 건설되었다.

시라즈는 일관되게 국제도시의 성격을 유지하였다. 애초부터 유대인들이 특정 구역에 거주하였고, 이슬람 정복 후에는 아랍인들이 대거 몰려들었으며, 16세기 이후에는 아르메니아인들도 이주하였다. 전통적으로 시라즈는 정원 가꾸기에 특기를 보였으며, 직물과 식품 가공업이 발달하였다. 특히 유리 제조는 시라즈의 전통공예로서 그 제품과 기법이 동서 각지에 전파되었다.

야즈드(Yazd)는 이란 중부의 도시 야즈드 주의 주도로 이스파한에서 동남쪽으로 270km, 시라즈에서 동북으로 300km, 케르만에서 서북으로 300km 떨어져 있다. 이란 고원의 중앙에 위치한 척박한 환경에도 불구하고 실크로드 무역의 거점으로서 번영하였다. 인구는 53만 명이며, 이란에서 15번째로 큰 도시이다. 1375년에 지어진 금요일모스크가 관광지이다.

조상을 하기 위한 가족들 대기실

조로아스터교 불의 사원

    야즈드는 고대 페르시아어로 '신'이란 뜻이며, 사산 제국 시기에 국교이던 조로아스터교의 중심지였다. 이름은 샤한샤 야즈데게르드 1세 이름에서 유래되었다고도 한다. 지금도 당시 유적이 남아있고 이슬람 팽창 이후로는 카비르사막 지대에 위치한 입지조건 덕에 역사적으로 큰 변동이 없어 지금도 중세 가족 중심의 문화가 깊게 배어있다.

    중세 시기에는 카쿠이 왕조의 수도였고(1051~1141년), 그 후로는 토착 아타베그들이 통치하였다. 1297년 일 칸국에게 흡수되었다가 1315년에 복구된 아타베그국은 1319년 무자파르 왕조에 의해 정복된다. 무자파르 역시 야즈드를 중심으로 삼았다가 1340년 케르만을 정복한 후 그곳으로 천도하였다. 1350년 무자파르와 대립하던 인주 왕조는 야즈드를 포위했으나 이듬해 격퇴되었다. 그 후 1353년 반격에 나선 무자파르가 역으로 시라즈를 점령하며 인주 왕조는 멸망하게 된다. 이때부터 현재까지 큰 변고가 없이 평화가 유지되고 있다.

이스파한 낙쉐 자한 광장

평화 덕에 구도심에는 바자르, 함맘(목욕탕), 시나고그(유대교 회당), 조로 아스터교 사원, 이슬람 사원 등이 원형 그대로 남아있어 탄성을 자아낸다. 또한 사막에서 생존하기 위한 관개 시설인 카나트 시스템과 전통 가옥들도 완벽히 보존되어 현존한다. 이러한 역사적 가치를 인정받아 2017년 유네스코 세계문화유산에 등재되었다.

이스파한(Isfahan)의 도시 자체는 기원전부터 존재했다. 고대 메디아의 '아스판다나'라고 불리고 중세 페르시아어로 '군대의 집결지'라는 뜻의 '스파한'이라고 불린 이 도시는 이슬람 시대에는 아랍어로 '이스파한'으로 불리면서, 오늘날까지도 이 도시의 명칭으로 굳어졌다.

중세 사산 왕조 시대에는 야즈데게르드 1세에 의해 대규모 유대인 커뮤니티 '예후디예'가 들어서고 상공업으로 번영을 누렸다. 사산 왕조가 몰락한 후 아랍인들은 예후디예 지역의 유대인들을 전부 죽이거나 쫓아내고 그 자리에 중세 신시가지를 건설하였다.

이곳은 이슬람 시대에도 상공업의 중심지로 번영을 누렸으며 부와이흐 왕조의 중심지 중 하나였다. 그 때문에 여러 침략자에게 약탈을 당하기도 하였다. 14세기 이븐 바투타가 이 도시에 들렀을 당시에는 부와이흐 왕조가 있던 시대보다 한참 이후에 해당하는 몽골 제국의 침략 이후인데도 불구하고 아직도 부와이흐의 시아파 잔당들과 수니파들이 싸우고 있었다는 기록을 남겼다.

이스파한은 크고도 아름다운 도시이다. 그러나 수니파와 라와피드(수니파에서 시아파를 일컫는 명칭)의 분쟁으로 인해 대부분이 폐허가 되었다. 이러한 분쟁은 지금까지도 지속되어 여전히 서로 싸우고 있다. 이곳에는 과실이 많다. 음식에 한해서는 그들 모두가 너그러울 뿐만 아니라 경쟁심이 대단하다. 이들은 친구들에게 "난(빵)과 우유를 간단하게 먹고 가게."라고 말하며 초대한 이후 진수성찬을 베푸는 방식으로 은근슬쩍 자신의 부를 과시하기를 좋아한다.

사파비 왕조 때는 아바스 1세에 의해 수도가 되기도 했는데 아바스 1세가 폐허였던 이곳을 새로 재건하면서 투자를 아끼지 않았기 때문에 이스파한은 세계의 절반이라는 속담이 아직도 남아있다.

사파비왕조 시절의 이스파한은 조지아, 다게스탄, 체르케스에서 인신매매된 노예 병사들과 후궁들, 아르메니아인 상인들로 가득했다고 하며 도시 주민의 대다수를 차지하는 아르메니아인 상인들을 배려하여 아르메니아 사도교회 건물인 반크 교회가 세워졌다. 이러한 연유로 오늘날에도 이스파한의 주민들은 사실상 조지아인의 후예로 여겨지기도 한다. 하지만 1722년 아프가니스탄에 약탈당하면서 쇠퇴기가 시작되었고, 18세기 말 카자르 왕조가

시오세풀다리(야경)

이스파한 카즈다리

세워지면서 수도 또한 테헤란으로 넘어가 오늘날에는 지방 대도시가 되었다.

이곳은 1946년 이스파한대학교가 세워졌고, 이맘광장과 함께 붙어있는 샤 모스크, 알리카푸궁전, 셰이크 로트, 폴라모스크 등이 가장 유명하지만, 이 외에도 반크성당, 체헬 소툰, 시오세폴다리, 카즈다리 등 볼거리가 많은 도 시이다.

이란 전통 수공예의 중심지이기도 한 이 도시에서는 나무, 금속, 뼈를 얇은 막대 모양으로 만들어서 그걸 한데 엮어 무늬를 만들고, 일정한 패턴으로 만 든 것을 얇게 편 다음 목판 위에 붙여 장식하는 허탐 커리(Khâtam kâri)와 동을 두드려서 만든 그릇이나 접시 위에 에나멜을 칠해 구워 도자기 비슷하 게 만든 미너 커리(Minâ Kâri), 그리고 자잘한 튀르키예 석(돌) 조각들을 동 으로 만든 그릇 위에 붙여서 장식하는 피루제쿠비(Firoozekoobi)가 만들어 진다. 그 외에도 다양한 전통 수공예 장인들이 사는 곳이다.

1987년 프랑스의 피에르 에르메라는 셰프가 이스파한이라는 디저트를 출 시했는데, 이스파한은 이전 페르시아의 수도명이기도 하지만 다마스크 품종 의 장미 이름이기도 하다.

지하철은 2015년에 개통되었다. 그리고 왠지 모르게 이스파한의 시내 모 습은 이란의 다른 대도시인 테헤란이나 쉬라즈에 비해서 조금 더 깔끔하게 정비가 된 느낌이 든다.

오리엔트 정교회 항목에도 설명되어 있지만, 이스파한의 아르메니아인 거 주 구역 노르주가는 레바논을 제외하면 중동에서 가장 큰 규모이다.

Part 2

아라비아반도

Arabian Peninsula

(쿠웨이트, 비레인, 카타르, 오만, 이랍에미리트, 사우디아라비아, 예맨, 남예맨)

쿠웨이트 Kuwait

쿠웨이트(Kuwait)는 아라비아반도의 사우디아라비아와 이라크의 접경에 위치하며 페르시아만(灣)에 면한 입헌군주국이다. 1899년 영국의 식민 지배를 받았으며 1939년 정식으로 보호국이 된 이 나라는 1960년 영국으로부터 사법권과 통화관리권을 넘겨받았고 1961년 6월 독립 주권을 획득하였다.

쿠웨이트는 아라비아반도의 동쪽에 위치하고 페르시아만 근처에 있다. 알자흐라의 오아시스, 남동쪽과 해안부의 얼마 안 되는 비옥한 땅 외에는 국토 대부분이 평탄하고 황량한 사막이다. 연안에 암초와 얕은 여울이 많으며 앞바다에는 부비얀파일라카섬 등 쿠웨이트가 영유하는 9개의 섬이 있다.

쿠웨이트는 사막성 기후를 갖고 있다. 겨울에는 온도가 10℃로 내려가고, 여름에는 온도가 54℃까지 올라간다. 아열대성으로 연안부에 난류가 흐르므로 내륙부와 비교하면 지낼 만하다. 여름철(4월~10월)에는 심한 더위와 건조함으로 기온이 40℃ 이상 올라가는 일도 있다. 겨울철(11월~3월)에는 타우즈라는 극렬한 모래폭풍이 가끔 불어 닥치지만, 이때를 제외하면 선선하고 쾌적하다. 비는 겨울철에 집중되고, 연강우량은 30~200mm로 적지만, 종종 집중호우가 쏟아지기도 한다. 강이 없어 마실 물이 모자라 대부분 바닷물을 증류시켜 마시거나 이라크의 샤트알아랍강에서 끌어온 물로 보충한다.

주요 문화는 이슬람교 문화이다.

쿠웨이트의 문화는 인사를 중요시한다. 또한 술과 돼지고기를 먹으면 안되고, 주위에서 그걸 먹는 사람을 보면 불쾌감을 나타낸다. 남녀 성비는 152:100 정도이다.

쿠웨이트는 대한민국과 1979년에 외교 관계를 수립했으며, 1988년 서울에서 열린 하계올림픽에는 선수 및 임원진을 파견하여 참가하였고, 1991년 걸프 전쟁에서는 대한민국 국군이 다국적군의 자격으로 쿠웨이트 현지에 참전하였다. 한때 대한항공이 쿠웨이트에 직항 노선을 운항하였으나 폐선하였다.

국토면적은 17,818km², 인구는 약 431만 100명(2023년 기준)이다. 공용어는 아랍어를 사용하며, 종교는 이슬람교(수니파 70%, 시아파 30%)를 믿는다. 수도는 국가 이름과 똑같은 쿠웨이트이며, 시차는 한국시각보다 6시간 늦다. 한국이 정오(12시)이면 쿠웨이트는 오전 6시가 된다. 환율은 한화 1만

쿠웨이트타워

원이 쿠웨이트 약 2.5디나르 정도로 통용되며, 전압은 220/240V/50Hz를 사용하고 있다.

쿠웨이트타워는 쿠웨이트 독립 20주년을 기념하기 위하여 철근콘크리트로 건설한 세 개의 타워다. 쿠웨이트 역사와 문화를 대표하는 상징적인 건축물로 그 당시에는 세계에서 제일 높은 타워 중의 하나였다. 그 중 메인타워는 높이가 187m로 60층의 빌딩 높이와 맞먹는다. 두 개의 커다란 공 모양의 구(球)로 되어 있으며, 상단구에는 스낵과 간식 종류를 판매하는 카페이며 30분마다 회전을 하는 전망대로서 관광객들에게 많은 사랑을 받고 있다.

해양박물관

이곳에서는 쿠웨이트 시내와 페르시아만의 전경을 한눈에 바라볼 수 있어 쿠웨이트 여행자라면 누구나 한 번은 꼭 들르는 쿠웨이트의 필수 관광코스라고도 할 수 있다.

해양박물관은 아랍지역 전통 선박을 주로 전시하는 쿠웨이트 해양박물관이다. 그 옛날 조상들의 어업에 관련된 내용들로 잘 꾸며져 있으며 또한 시티 마리나 근처에는 다이빙이 가능한 해양 생물 보호구역도 있어 아름다운 해양 생태계를

그랜드모스크

탐험할 수도 있다.

쿠웨이트 국립박물관은 쿠웨이트의 역사와 파일라카섬에서 발굴한 유물과 8~18세기 도자기, 보석, 철기 제품 등 이슬람 문화의 예술 작품들을 전시하고 있으며 1981년에 착공하여 1983년에 완공한 박물관으로 알루미늄 지붕으로 덮인 정원을 사이에 두고 서로 연결된 4개의 건축물로 이루어져 있다.

수도 쿠웨이트에 위치한 그랜드모스크(Grand Mosque)는 다채로운 색상의 타일로 장식되어 있으며 정원에도 다채로운 꽃과 식물 그리고 야자나무 등으로 아름답게 꾸며져 있다. 이슬람 전통양식과 현대식 건축양식이 섞여 장엄하고 아름답다. 전체 부지가 45,000m²이며, 건축면적은 20,000m²이다.

주 예배실에는 1만여 명의 남자들을 동시에 수용할 수 있으며, 출입문이

쿠웨이트 시내

21개이고, 144개의 유리창을 통해 햇볕이 들어온다. 그리고 여성용 예배실에는 950여 명이 들어갈 수 있다.

모스크의 돔은 지름이 26m이고, 높이는 46m이며, 72m 높이의 첨탑에는 꼭대기까지 올라갈 수 있게 엘리베이터가 설치되어 있다. 그리고 이 나라의 정식 명칭은 쿠웨이트국(State of Kuwait)이며, 북쪽으로는 이라크, 남쪽으로는 사우디아라비아와 국경을 접하고, 동쪽은 페르시아만을 사이에 두고 이란과 마주한다. 원래는 사막에 있던 작은 부족 국가였으나 석유에서 얻은 막대한 이권료를 활용하여 근대화가 급속하게 진행되었다. 석유산업은 국영으로 관리하며 GDP의 75%를 차지한다. 1990년 8월 이라크가 침공하여 쿠웨이트 합병을 선언하였지만, UN의 결의에 따라 미국을 중심으로 해서 27개국가 연합군의 공격으로 1991년 이라크가 패퇴하였다.

한편 쿠웨이트라는 국명은 아라비아어로 '물 근처에 지어진 요새'라는 뜻의 말을 줄인 것이라고 한다.

바레인 Bahrain

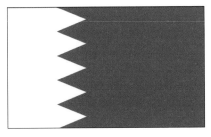
바레인 국기

바레인(Bahrain)은 아라비아반도와 카타르 사이의 페르시아만(灣)상에 위치한 바레인섬과 그 주위의 크고 작은 33개의 섬으로 구성된 도서국가이다. 1521년 이후 이란의 지배를 받던 중 1880년 영국 보호령이 되었고 1971년 영국군의 수에즈 이동 철군과 함께 독립했다.

바레인은 중동 페르시아만(Persian Gulf), 사우디아라비아 동쪽에 위치하고 있다. 이 나라는 바레인섬 본토와 약 32개의 작은 섬으로 구성되어 있으며, 총면적은 778km², 해안선 길이는 약 161km에 달한다. 주요 도시로는 수도 마나마(Manama)와 알 무하 라크(Al-Muharraq)가 있다. 바레인을 이루고 있는 섬 가운데 가장 큰 규모인 바레인섬은 남북으로 약 50km, 너비 15km의 석회암과 사구(砂丘)로 된 섬이다. 수도 마나마는 바레인섬 북부에 있는 오아시스타운(Oasis Town)이다.

바레인은 기온이 높고 습기가 많은 사막성 기후이다. 11월부터 3월까지는 비교적 기온이 낮아서 생활하기에 적합하지만, 4월부터는 낮 기온이 보통 40℃~45℃를 넘으며, 야간의 습도도 80%~90%에 달한다. 강우량은 미미하나 12월~3월 사이에 월평균 두세 차례 비가 내린다.

바레인 왕국은 다른 아랍 국가에 비하여 민주화가 많이 진행된 나라이며, 파업이나 시위도 빈번하게 일어난다. 법률이 엄격한 사우디아

수도 마나마 쌍둥이 타워

라비아에 비하여 허용된 것(영화관, 돼지고기, 주류)이 많으므로, 주말이나 휴일에는 사우디아라비아에서 오려는 차량 행렬이 줄을 잇는다. 심지어 입국비자 발급 수수료를 나라의 주 수입으로 삼을 정도로 사우디아라비아에서 온 관광객이 많다. 이 때문에 사우디아라비아의 통화인 사우디아라비아 리얄(SAR)도 전국에서 통용된다. 바레인의 국기는 붉은색 톱니무늬 문양인데, 이것은 영국과의 독립전쟁 중 전사한 병사들의 피를 상징한다.

한국과 바레인은 1976년 4월 17일에 수교하였다. 한국은 1976년 6월 28일에 주바레인 대사관을 개설하였다. 그러나 1999년 3월 20일에 대사관을

사우디아라비아와의 국경선

알 파테 그랜드모스크(출처 : 현지 여행안내서)

폐쇄하면서 대사관 업무를 주사우디아라비아 대사관에서 겸임하였다. 그 후 2011년에 주바레인 대사관을 재개설하였다.

한편 바레인 측은 주중국 대사관에서 한국 대사관 업무를 겸임하고 있다.

바다와 가까운 곳에 위치한 알 파테 그랜드모스크는 바레인을 방문한 사람이라면 반드시 거쳐야 할 명소 중의 하나이다.

그리고 바레인 포트는 아라비아반도의 가장 중요한 유적 중의 하나이며 2005년 유네스코 세계문화유산으로 등재되었다.

인구는 약 148만 5,500명(2023년 기준)이고, 공용어는 아랍어와 영어를 사용하고 있다. 종교는 이슬람교가 70%(수니파 40%, 시아파 60%)이며 그

바레인 포트(출처 : 현지 여행안내서)

바레인 역대 왕들

외 기독교와 힌두교 등이 30%이다. 시차는 한국시각보다 6시간 늦다. 한국

이 정오(12시)이면 바레인은 오전 6시가 된다. 환율은 한화 1만 원이 바레인

약 2.9디나르 정도로 통용되며, 전압은 230V/50Hz를 사용하고 있다.

　정식명칭은 바레인왕국(Kingdom of Bahrain)으로 중동지역의 걸프만

중남부 해상에 위치한다.

　종족구성은 아랍인 78%, 이란인 8%, 기타 파키스탄인, 팔레스타인 등이

9% 정도이다. 기후는 열대 사막성 기후이며, 주요자원은 석유 및 천연가스

지만 매장량이 매우 빈약하다. 그러나 걸프만 중앙에 있는 지정학적 이점을

이용하여 중개무역지로서 70여 개의 외국계 은행들이 상주해 있어 국익에

많은 도움이 되고 있다. 주요관광지로는 우리나라 현대건설이 건설한 바레인

고대 유적지

디플로매트호텔과 사우디아라비아를 잇는 요킹 파하드 코즈웨이 및 바레인

국립박물관 그리고 전통시장인 국제 바자르 등이 있다.

카타르 Qatar

 카타르(Qatar)는 아라비아반도의 동부 페르시아만(灣)에 돌출한 카타르반도에 있는 국가이다. 18세기에는 오늘날 바레인의 토후(土侯) 할리파가(家)의 영토였으나 1868년 영국과 우호조약을 체결하였고, 1916년 특별조약으

수도 도하 시내 전경

로 영국의 보호령이 되었다가 1971년 9월 1일 독립하였다.

카타르는 대체로 사막으로 이루어져 있고, 카타르반도를 형성하고 있으며, 3면이 페르시아만에 접해 있다. 남쪽은 사우디아라비아가 위치해 있다.

바다에 접해 있으나, 기후는 몹시 건조한 사막성 기후를 보인다. 최고 기온은 53~55도를 기록하고 있다(여름에는 새벽 4시 45분만 되어도 해가 뜨고, 겨울에는 오후 4시 45분만 되어도 해가 진다). 이 때문에 카타르에서는 짧은 소매 옷을 입는 문화가 발달하여 있다.

2010년 12월 3일 스위스 취리히 메세오디토리움에서 열린 국제축구연맹(FIFA) 개최국 투표에서 2022년 FIFA 월드컵 개최국으로 선정되었다. 수도 도하(Doha)는 2006년 아시안 게임이 열린 곳이기도 하다.

카타르 사막 지역

한국과의 관계에서 대한민국 정
부는 1971년 9월 카타르가 독립
하자마자 카타르를 승인, 1974년
4월 19일에 국교를 수립하였다.
1976년부터 대한민국의 건설업체
가 진출하였고, 양국은 1984년 4
월 경제기술무역협력에 관한 협정,
1999년 4월에 투자보장 협정, 외
무부 간 협력 양해각서를 체결했
다. 한국인은 대사관 가족을 포함
해 약 480명이 살고 있고. 서울올
림픽 때 12명의 선수단을 파견하

도하 시내 야경

였다. 현재 카타르항공이 인천-도하 직항편을 새벽에 운항하고 있다.

카타르의 수도 도하는 페르시아만(灣)에 면하는 상업 도시이자 무역항이
다. 제2차 세계대전 후 석유개발과 더불어 급속히 근대화된 도하는 진주채
집, 어업, 금속세공업이 성하며 새로운 항만설비와 국제공항의 확장도 이루
어졌다.

이슬람아트뮤지엄은 카타르 페르시아만의 가장자리에 있는 박물관이다.
1881년에 개관하였으며 카타르만 아니라 전 세계의 이슬람 국가로부터 기증
받은 이슬람 예술품을 소장하고 있다.

도하 칼리파스타디움은 카타르의 진 국왕 갈리파 빈 하마드 알 타니의 이

이슬람 아트 박물관

이슬람 아트 박물관 소장품

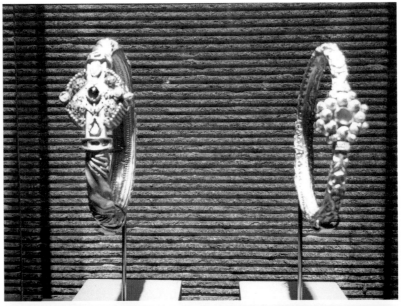

이슬람 아트 박물관 소장품

름에서 따왔다. 축구 전용 경기장으로 사용되다가 도하 아시안 게임을 앞두고 수용인원 5만 명 규모로 전면 개축하여 완공된 뒤로 다목적 경기장으로 사용되고 있다.

국토면적은 11.437km²이며, 인구는 약 271만 6,400명(2023년 기준)이다. 종족구성은 아랍인 40%, 인도인 18%, 파키스탄인 18%, 이란인 10%, 기타 14% 순이다. 공용어는 아랍어(영어도 사용)이며, 종교는 이슬람교(77.5%), 기독교(8.5%), 기타(14%) 등이다. 시차는 한국시각보다 6시간 늦다. 한국이 정오(12시)이면 카타르는 오전 6시가 된다. 환율은 한화 1만 원이 카타르 약 28리얄 정도로 통용된다. 전압은 240V/50Hz를 사용하고 있다.

그리고 카타르인이 제공하는 아랍 커피와 홍차는 특별히 의심되지 않는 한 받아 마시는 것이 예의이며 더 이상 마시지 않을 경우 잔을 들고 세 번 흔들어 준다. 또 물건을 주고받을 때는 오른손을 사용하는 것이 예의이고, 가스 등 국가기관 산업과 관련된 시설물 지역에서는 사진 촬영을 엄격하게 금지하고 있다.

카타르인과 대화 시에 신발 바닥이 보이도록 하는 것은 큰 실례이다. 여성의 경우 옷차림이 정숙하여야 하는데 피부 노출이 많은 옷은 삼가야 한다.

카타르는 이슬람 왕족에 의해 통치되는 중동국가로서 면적도 적고 인구도 적은 작은 나라이다. 그러나 900조m²의 천연가스와 152억 배럴의 원유 매장량을 자랑하는 세계 최상위권에 속하는 자원경제 부국이다.

카타르의 국명은 2세기에 로마 시대에 만든 지도에 '카타라'라는 이름으로 등장했을 정도로 유서가 깊다. 그리고 한때 아랍에미리트의 수장 국 중의 하나였으나 영국의 통치로 인해 연합국가와는 국권을 달리하였다.

오만 Oman

    오만(Oman)은 아라비아반도 남동부에 있는 나라로 인도양과 페르시아만을 연결하는 요충지에 입지한다. 일찍이 진출하여 150여 년간 지배해온 포르투갈인(人)을 1650년에 추방하였다. 1891년 영국에 대한 정치·군사적 의존이 높아져 사실상 피보호국이 된 이 나라는 1951년 영국과 우호 통상조약을 체결하면서 완전한 독립국이 되었다.

    아라비아반도 동남단에 위치한 오만은 북위 16~26도, 동경 51~59도에 남서쪽에서 북동쪽으로 약 940km, 북서쪽에서 남동쪽으로 약 350km에 걸쳐 있다. 오만 영토는 남서쪽으로 예멘, 서쪽으로 사우디아라비아, 북서쪽으로 아랍에미리트, 북쪽으로 오만만, 남쪽과 동쪽으로 아라비아해와 각각 이웃한다. 오만과 페르시아만 사이의 무산담반도 북단에 자리 잡은 루우스알 지방은 본토와 떨어져 아랍에미리트와 맞닿아 있지만 오만 영토에 포함된다.

    국토 대부분은 불모의 사막으로 혹서와 건조함이 일 년 내내 계속되는 소위 사막형 기후를 보이지만, 해안지방은 산에 둘러싸인 지리적 조건과 몬순의 영향을 받아 기후가 다르다. 연평균 강우량은 약 100mm, 무스카트 부근 해안지방의 여름 기온은 대개 36℃에 이르며, 겨울에는 17℃ 정도이다.

겨울에는 아침 기온이 10℃ 정도까지 떨어지며, 여름의 한낮에는 50℃까지 오르는 것을 경험한다. 습도가 낮아서 그늘에서 느끼는 체감 온도는 한국에서 여름의 35℃ 정도이다.

오만은 변신을 시도하고 있지만, 아직도 아랍 이슬람 전통이 남아있다. 서구식 공연이나 전시회 등은 많지 않고 반(反)이슬람적인 문화에 대한 검열이 이루어진다. 해안과 촌락에서는 일상생활이 거의 변화가 없다. 정부는 전통문화적인 요소를 강조하며, 오만의 전통적인 미술, 음악, 춤(박물관이나 공연장에서가 아닌 길거리의 공연)을 보존하기 위해 노력한다. 조각품으로 유명한 것은 은 세공품들이다. 은 칼집과 은 세공 보석 등이 뛰어나다.

국토면적은 30만 9,500km²이며, 수도는 무스카트(Muscat)이고, 공용어는 아랍어이다. 인구는 약 450만 4,280명(2023년 기준)이고, 종족구성은 오만계 아랍인(58%), 남부 발루치(18.7%), 마흐라(6%), 걸프아랍(3.2%), 페르시아인(2.8%) 순이다.

종교는 이슬람교(95.3%), 기독교(2.7%), 힌두교(1.6%) 등이다. 환율은 한화 1만 원이 오만 약 2.9리알 정도로 통용된다. 시차는 한국시각보다 5시간 늦다. 한국이 정오(12시)이면 오만은 오전 7시가 된다. 전압은 240V/50Hz를 사용하고 있다.

우리 일행들은 제일 먼저 술탄이 손님맞이 시에 사용하던 구전 알람궁(AL Alam Palace)을 방문했다. 그러나 지역주민이나 관광객들에게는 아직 개방

술탄이 손님맞이 시 사용하던 구전 알람궁

오만의 재래시장 무트라수크(Mutrasouq)

하지 않아서 정문 입구에서 기념촬영으로 대신하고 오만 전통기념품을 구할 수 있는 전통 재래시장으로 향했다.

무트라수크(Mutra souq)라고 하는 재래시장은 아랍어로 마스카트(Masgat)라고 한다. 아라비아 남동만에 있는 이곳은 16세기 초 포르투칼인이 약 150년간 이곳을 점령지배하면서 페르시아만의 무역을 독점하였다. 그리고 무트라수크는 신밧드의 모험(The Adventure of Sinbad)의 배경이 된 곳으로도 잘 알려진 곳이다.

오늘은 조식 후 오만 여행의 하이라이트인 오만의 최북단에 있는 무산담카삽으로 이동하여 아라비아 전통 목선에 탑승, 바다 위를 질주하니 어느샌가 돌고래 떼 10여 마리가 서슴없이 다가온다. 목선 아래로 끼어들어 수면 바로

해양 관광용 아리비아 전통 목선(출처 : 현지 여행안내서)

밑에서 유영을 하다가 때때로 수면 위로 솟구칠 때 관광객들은 다른 곳에서는 쉽게 볼 수 없는 장면이므로 너도나도 큰 탄성을 지른다. 이것이 바로 여행의 중독을 면치 못하게 하는 약이라고 생각한다.

오만의 그랜드 캐니언

오늘은 무스카트와 아랍 걸프 지역에서 두 번째로 높은 봉우리인 자발샴스와 태양의 산을 한나절 일정으로 즐겨보기로 했다. 그리고 오만의 그랜드 캐니언으로 알려진 와디굴로 이동했다. 미국의 그랜드 캐니언과 규모는 비교할 수 없지만, 산골짜기를 이동하면 숨이 막힐듯한 절경이 이곳저곳에 도사리고 있다.

모두가 기념촬영을 하기에 바쁘다. 페르시아만(Persian Gulf)을 아랍 여러 나라에서는 아라비아만이라고 한다. 동쪽으로 만 입구 호르무즈 해협을 지나 오만만과 아라비아해로 이어진다. 길이가 약 900km, 너비가 250~350km, 면적이 약 23만 9,000km²이며, 수심은 이란 쪽에서는 50~91m, 아라비아 쪽에서는 40m 이하로 얕고 수온이 높으며 염분이 많다. 만 안에서는 새우, 정어리, 다랑어 등의 어류와 진주 양식이 성하며 아라비아반도 쪽과 이란 쪽에서는 다 같이 해저유전 개발 탐사가 활발하게 이루

하늘에서 운석이 떨어져 생긴 전설의 비마흐싱크홀

어지고 있다. 그로 인해 오일 탱크의 항행도 빈번하다.

　만 안에는 이란 외에 이라크, 쿠웨이트, 사우디아라비아, 바레인, 카타르 및 아랍에미리트 연합국이 있다. 이곳은 아라비아만이라는 별칭에서도 미루어 짐작되지만 만 안에 있는 여러 섬의 영유권을 둘러싸고 이란과 아랍 국가와의 분쟁 등으로 국제적인 긴장 지역의 하나이다.

　그리고 오후에는 이슬람 지역에서 가장 아름다운 모스크 중의 하나인 그랜드모스크의 내부 관람을 마치고 오만의 옛 수도 중의 하나인 나즈와로 이동해서 나즈와 요새 내부 관람을 마침과 동시에 오만 여행을 마무리하고 아부다비로 가기 위해 공항으로 이동했다.

아랍에미리트 United Arab Emirates

아랍에미리트(United Arab Emirates)는 아라비아반도 동부에 있는 7개 에미리트(아랍 토후국(土侯國))로 이루어진 나라이다. 1853년 실질적인 영국의 보호국이 된 이래 여러 토후국이 흥망과 집산을 되풀이하다가 1971년 카타르, 바레인을 제외한 토후국들이 에미리트 연합국으로 독립하였다.

북쪽은 페르시아만에 접해 있다. 바다에 접해 있으나 대부분 지역이 사막에 위치해 있으며, 건조한 사막 기후를 보이는 곳이다. 아랍에미리트는 세계적으로 석유를 사우디아라비아만큼 많이 보유하고 있는 나라이다.

아랍에미리트는 전 국토의 97%가 사막으로 고온 다습(습도는 50%~60%)한 사막 기후를 보인다.

5월~10월은 35℃~45℃, 11월~4월은 15℃~35℃로 짧은 기간을 제외하고는 연중 무더운 날씨가 지속된다. 연강우량은 60mm~100mm로 비가 거의 내리지 않으며 겨울철에 비가 집중된다.

국토 대부분은 사막지대이나, 페르시아만 연안부는 평탄하고 염분이 많으며, 사우디아라비아 국경의 알아인 지방은 풍요로운 오아시스 지대이다. 북동부의 무산둠반도 동부에는 남북으로 80km에 걸쳐 아하다르산맥이 있으며, 최고봉은 약 3,000m이다.

페르시아만 연안의 해안선은 복잡하게 얽혔으며, 바다는 멀리까지 수심이 얕고, 먼바다에는 많은 섬과 산호초가 떠 있다.

아랍에미리트는 1980년 6월에 대한민국과 정식으로 수교하였는데, 대사관은 아부다비(Abu Dhabi)에 있고, 총영사관은 두바이(Dubai)에 있다. 그리고 이 나라는 2009년 12월 27일 대한민국에 원자력 발전소를 발주했다. 한국인은 대사관 가족을 포함하여 약 3,350명이 살고 있으며, 인천국제공항에서 하루 1편의 두바이행(KE951) 대한항공과 하루 1편의 두바이행(EK323) 에미레이트항공, 아부다비행(EY875) 에티하드항공 1편이 아랍에미리트로 취항한다.

아랍에미리트연합국은 7개의 에미리트(아부다비, 두바이, 샤자, 아즈만, 라스알카이마. 움알케인 및 후자이라)로 이루어진 연방국가이다.

외교, 국방 및 국제통상을 제외한 모든 분야에 있어 각 에미리트 지도자(Ruler)의 통치하에 강력한 자치가 이루어지고 있다.

외국인에게 개방적이며 친미 성향인 아랍에미리트의 경우 이슬람 과격 주의자들에게 항상 테러의 목표로 지적되고 있으며, 미국과 영국, 캐나다, 호주 등의 국가들은 UAE를 높은 수준의 테러위험 국가로 분류하고 있다.

우리나라 국민도 외국인이 많이 모이는 장소, 종교시설, 쇼핑몰 등을 방문 시에는 신변안전에 각별한 주의가 필요하다.

아랍에미리트(United Arab Emirates)를 줄여서 UAE라고 호칭한다.

UAE는 이슬람국가로서 우리나라에서 일반적으로 허용되는 행위나 관습도 주재국에서는 위법이 되는 경우가 많이 있으며, 단지 주재국 법률과 문화를 몰랐다는 이유로 위법행위가 용서되지 않는다. 따라서 주재국을 방문하거나 거주하는 경우에는 이슬람 문화와 관습에 관심을 가지고 주재국의 법률준수 및 문화를 존중하여 불미스러운 일을 당하지 않도록 주의하여야 한다.

UAE는 외국인 관광객 유치 및 비즈니스 활동을 원활하게 하려고 이슬람국가임에도 불구하고 외국인에 대해 5성급 호텔 및 극히 제한된 장소에서만음주를 허용하고 있으며(샤자 지역 제외), 주류구매는 라이센스 소지자에 한해서만 허용한다. 또한 공공장소에서의 음주는 금지되어 있으며, 술에 취한상태에서 단지 공공장소를 배회하는 것만으로도 벌금형 또는 단기간의 구류등의 처벌을 받을 수 있다.

UAE는 대부분 도시에서 외국인의 복장에 제한은 없으나, 외국 여성들의경우 공공장소에서의 심한 노출 복장은 될 수 있으면 삼가는 것이 이슬람 문화에 대한 기본적인 예의이다. 특히 비교적 보수적인 도시인 샤자(Sharjah)지역에서는 노출이 심한 복장(배꼽, 등, 무릎 위가 노출되거나 타이트하고 속이 비치는 옷)은 단속대상이 된다.

이슬람교가 국교이므로 외국인의 신앙 활동은 정해진 종교 단지 내에서만허용되며, 여타 종교 선교 활동은 불법으로 처벌받게 된다.

이슬람 국가로서 매년 1개월간 라마단(이슬람 금식월)을 지내며, 이 기간에 이슬람 신자들은 일출에서 일몰 때까지 금식을 하게 된다. 이 기간 중에는외국인들도 허가된 식당 외의 공공장소 및 길거리에서 음식 및 음료 섭취와

흡연이 금지되어 있다.

공항, 항만, 정부 건물, 군사시설 및 각국 대사관의 사진 촬영이 금지되어 있으며, 차도르를 입은 현지 여성도 촬영이 금지되어 있다.

공공장소에서 이슬람 전통복장을 입은 현지인 촬영 시에는 사전에 양해를 구하여야 하며 마약 소지, 사용 및 유통에 관한 처벌이 매우 엄격하여 최고 사형까지 선고받을 수 있다.

면적은 83,600km²이며, 인구는 약 951만 6,900명(2023년 기준)이다. 공용어는 아랍어이고, 종족구성은 남아시아인(50%), 아랍인(23%), 에미리아인(19%) 순이다. 종교는 이슬람교(76%), 기독교(9%), 힌두교(8%), 불교(2%) 등이다. 그리고 이슬람교 신도 80%가 수니파이고, 20%는 시아파이다.

시차는 한국시각보다 5시간 늦다. 한국이 정오(12시)이면 아랍에미리트는 오전 7시가 된다. 환율은 한화 1만 원이 아랍에미리트 약 28디르함 정도도 통용된다. 전압은 220V, 240V/50Hz를 사용하고 있다.

아부다비는 아랍에미리트 및 아부다비토후국(土侯國)의 수도이다. 이곳은 페르시아만(灣)에 면한 아부다비섬의 대부분을 차지하며, 본토와는 인공제방에 의해 연결되어 있다. 1958년 앞바다에서 해저유전이 발굴되면서 정치·경제적 지위가 높아졌다.

아부다비의 쉐이크 자이드 그랜드모스크(Sheikh Zayed Grand Mosque)는 세계에서 5번째로 82개 모로코 스타일의 돔이 있으며, 모든 외

쉐이크 자이드 그랜드모스크

벽이 흰색 대리석으로 덮여있어 화이트모스크라고도 불린다. 중앙의 샹들리에는 스와로브스키 제품이며, 세계 최대 크기의 핸드메이드 카펫은 이란에서 만들어졌다.

헤리티지 빌리지는 유목민의 생활 공간을 재연해둔 곳이다. 아부다비 헤리티지 빌리지는 전통가옥 안에서 전통공예품을 만드는 것을 보여주는 일종의 민속촌이다. 주요관광지인 마리나몰, 대통령궁, 룩소호텔, 코나쉬 해변 등이 가까이에 있으며 무엇보다 입장료가 무료이고 출입구가 하나라서 단체 관광객들이 많이 붐빈다.

두바이는 아라비아반도, 아라비아만(灣) 연안에 있는 토후국이다.

이곳은 아랍에미리트 연방을 구성하는 7개 토후국 중의 하나이며, 아라비

헤리티지 빌리지(출처 : 현지 여행안내서)

아반도 아라비아만(灣) 연안에 있다. 두바이는 아랍어로 '작은 메뚜기'라는 뜻이다. 1969년부터 석유를 수출하기 시작하였으며, 1971년에는 해저유전이 발견되어 새로운 산유국으로 알려지게 되었다.

이곳은 '아라비아반도의 베니스'라고 일컬어질 만큼 도시가 활기차다.

중동의 막대한 오일달러를 앞세워 적극적으로 투자하면서 중동의 금융중심지로 발전한 두바이는 세계 각 대륙과 나라를 연결하는 허브공항으로서 중요한 위치를 차지하고 있다. 바다를 메워 인공섬을 만들고 새로운 개념의 인공 도시인 팜 아일랜드(Palm Island)를 건설하고 있으며 두바이의 이러한 계획은 세계적으로 주목을 받고 있다. 팜 아일랜드 인공도시는 팜 데이라(Palm Deira), 팜 제벨알리(Palm Jebel Ali), 팜 주메이라(Palm Jumeira) 등 3개 섬으로 이루어져 있으며 야자수 모양의 타운을 형성한다. 세계적인 부호와 유명인들이 두바이의 호화 부동산을 분양받으면서 두바이는 새로운 기적을 이루어낸 도시로 주목받고 있다.

두바이 부르즈 할리파(Burj Khalifa)는 세계에서 제일 높은 초고층 건물

팜 아일랜드(인공도시) (출처 : 현지 여행안내서)

두바이 해변(출처 : 현지 여행안내서)

로 높이가 828m이며 이 건물에서 '두바이몰', '알 바하르'와 연결되어 있다.

그리고 부르즈는 아랍어로 '탑'이라는 뜻이며, 할리파는 아랍에미리트 대통령 '할리파 빈 자이드 알나하얀'에서 따왔다.

이 고층 건물의 높이는 철탑을 포함하여 829.8m이고, 층수는 총 163층으로 이루어져 있다. 전망대는 주로 124~125층을 이용하며, 입장료는 한화 약 4만 7천원이다. 스카이라운지는 148층이지만 최고로 올라갈 수 있는 층은 152, 153, 154층까지 올라갈 수 있는데 높이 올라갈수록 입장료가 비싸다. 관광객들은 124층을 제일 많이 이용하며, 필자는 주간 그리고 야간에 야경을 보기 위해 두 번 올라가 본 적이 있다. 그리고 두바이의 상징적인 호텔인 버즈 알 아랍 주메

두바이 부르즈 할리파빌딩(출처 : 현지 여행안내서)

버즈알 아랍 주메리아 7성급 호텔

아부다비 에미리트 팰리스 7성급 호텔

리아 7성급 호텔이 있으며, 역시 수도 아부다비에는 원래 왕궁으로 쓰려다가 호텔로 바꾸어 이용하는 에미리트 팰리스 7성급 호텔이 있다. 그래서 세계에서 7성급 호텔이라고 불리는 호텔은 두바이와 아부다비, 브루나이 등 세 곳에 있다고 보면 된다. 필자는 여행사 배려로 아부다비, 브루나이 두 곳에서 숙식을 해본 적이 있다.

아랍에미리트 정부 형태는 아부다비 왕이 맏형으로 대통령직을 수행하며, 두바이 왕은 총리, 그다음 샤자, 아즈만, 라스알카이마, 후지이라, 움알케인 왕들은 각 부처의 장관들을 역임하며, 국방과 외교를 제외하면 각자 왕국의 자치권이 확실히 보장된다.

두바이에서 관광객들에게 유명세를 타고 있는 분수쇼는 부르즈 할리파 중

야간 분수쇼

심에 있는 30에이커 크기의 세계 최대 규모의 분수쇼이며, 여러 유명한 노래
와 함께 즐길 수 있는 곳이다.

분수쇼는 30분마다 진행되는데 공식적으로 오전에는 1시간, 1시간 30분
그리고 오후 6시부터 11시까지 진행된다(금요일은 오후 1시 반~2시 / 목요
일부터 토요일까지는 오후 11시 30분까지 연장된다).

사우디아라비아 Saudi Arabia

　정식 명칭은 사우디아라비아왕국(Kingdom of Saudi Arabia)이며, 해안선의 길이가 2,640km이다. 사우디아라비아(Saudi Arabia)는 중동의 주요 국가의 하나로, 면적은 214만 9,690km²이다. 수도는 리야드(Riyadh)이며, 하계수도는 타이프(Taif)이다.

　종족구성은 아랍인이 90%, 아시아·아프리카인 10%이며, 아랍어를 사용한다. 종교는 거의 전 국민이 이슬람교를 믿으며, 이슬람권 국가 중에서 가장 엄격하고 보수적인 이슬람 생활과 전통관습을 지키고 있다.

　기후는 아열대 고기압 지대의 영향을 받아 대체로 혹서와 비가 있는 전형적인 사막성 기후로 여름과 겨울의 기온 차가 심하며, 대륙성 기후의 영향을 받아 밤낮의 기온 차도 심하고 때로는 강한 북동풍이 불어 많은 먼지와 모래바람을 동반하는 경우가 있다.

　석유생산 이전에는 전통적인 유목과 무역에 의존하였으나, 1938년 석유를 생산한 이후에는 현대적인 산업과 농업, 유목 및 가내 수공업이 병존하고 있으며, 1970년대 유류파동 이후 막대한 외화수입을 재원으로 활발한 경제개

발계획을 추진하였다. 특히 1980년대에 들어와서는 중화학공업 분야의 개발에 주력하고 있으며 인력개발을 위해 직업훈련, 해외연수 등으로 기술인력 확충에 노력하고 있다.

사우디아라비아는 걸프 지역 내 공동 안보정책을 강력히 추구하여 걸프만 협력위원회 회원국과 공동 군사훈련을 시행하고 있다. 사우디아라비아 사회는 엄격한 이슬람 생활을 유지하고 있으며, 사막 생활과 현대 문명 생활이 공존하는 대가족제도로서 가장의 권위는 절대적이다.

이 나라의 정체는 세습군주제의 국왕 중심제이며, 의회는 없고 국왕자문회의(국왕 임명 150명의 위원, 임기 4년)가 그 역할을 대신하고 있다.

이 나라 국기에 쓰인 아랍어 구절은 '알라 이외의 신은 없으며 무함마드는 그의 사도이다.'라는 뜻으로 이슬람의 유일신 신앙 고백인 샤하다이다. 국기는 술루스체로 쓰여 있으며 이슬람에서 가장 신성시

사우디아라비아 국기(출처 : 현지 여행안내서)

하는 구절이기 때문에 사우디에선 국기를 함부로 게양하지 않으며, 조기로 게양할 수도 없다. 또한 문구가 뒤집혀서 보이지 않도록 국기를 만들 때는 같은 도안을 두 장 프린트해서 안쪽끼리 맞대 박음질해 만든다.

샤하다 아래에 있는 검은 와하브 왕국의 국왕 이븐 사우드가 추가한 것으로, 잠정적으로 알라와 이슬람 율법을 수호하고 이교도(기독교, 유대교 등 적대세력)로부터 알라와 이슬람을 사수한다는 의미를 담았다. 국기를 게양할

때 항상 검날 끝은 깃대 방향으로 위치한다. 따라서 뒷면은 앞면의 검이 뒤집힌 형태를 띤다.

녹색은 이슬람에서 신성시하는 색으로, 전승에 따르면 천국에서는 사람들이 녹색 옷을 입는다고 한다.

고대 역사에서 3억 년 전 판게아 시대에는 지금처럼 덥지도 않고 사람이 살 수 있을 만한 푸른 땅이었다. 하지만 대륙이 이동하면서 국토는 대부분이 황량한 사막(아시아 최대의 사막인 룹알할리사막과 네푸드사막, 다흐나사막 등 분포)과 구릉 지역이 되었고 인구도 별로 없어서 통일된 국가가 성립된 적이 없었다. 우마이야 왕조, 아바스 왕조, 페르시아, 남부 해안지대에 번성하던 토후국과 오스만 제국 등이 이 지역을 지배했다고 할 수 있는 국가들은 있었으나 뭐가 나는 것도 아니고 별로 쓸 데가 없는 땅이었기 때문에 메카와 메디나 빼고는 아무도 신경을 안 썼다. 그냥 부족끼리 옹기종기 모여서 낙타 끌고 장사해 가며 하루 먹고 사는 헐벗은 동네였을 뿐이다. 실제로 아라비아 지방을 정복한 역대 왕조들은 그냥 토착 제후들이 원래 하는 것처럼 자기 마을을 다스릴 수 있도록 했다. 그나마 메카와 메디나는 신경 썼다는 것도 이집트 맘루크 왕조든 오스만 제국이든 그냥 딱 형식적인 정복자들의 종교적 이데올로기 완충에 도움이 될 만큼만 신경을 썼지 실질적인 성스러운 도시 지방, 즉 헤자즈 지방의 행정은 예언자 무함마드의 씨족인 하심 가문 아래 자치로 이루어졌다. 아라비아반도는 이슬람의 고향이지만 막상 이슬람 왕조들 입장에서는 정말 보탬이 되는 것이 없는 주제였다. 정치적으로는 악에 받친 베두인 씨족들이 꽉 잡고 있으며 한번 잘못 건드리면 벌집이 되는 골치 아픈 지방이

아라비아반도였다. 따라서 막상 역대 이슬람 제국들도 정통 칼리파 시대부터 훨씬 더 부유한 시리아, 이집트 일대를 점령하자마자 거기 있는 다마스쿠스, 알레포, 바그다드, 카이로 같은 유수의 대도시들이 이슬람 문화, 행정, 경제의 중심지가 되었다. 이슬람 제국들의 역대 중심지는 종교, 정치 집단으로서 이슬람 자체가 팽창하면서 현대 스페인의 안달루시아, 튀르크인들의 진주인 아나톨리아, 나아가 오스만 제국 때는 이스탄불, 동방으론 타브리즈, 이스파한 같은 페르시아나 인도의 델리 같은 다양한 장소로 확장했으나, 아라비아반도는 현대 예멘의 사나, 아덴 같은 무역도시 몇 개 빼곤 시종일관 이슬람의 고향이란 허울 좋은 타이틀을 빼면 이슬람 세계 내에서도 완전 뒷전이었다. 세금 바치는 사람만 달라질 뿐 이전까지 별로 달라질 바 없는 생활이 계속되고 있었으나, 와하비즘의 열풍이 불면서 아라비아의 역사는 역동적으로 전개되기 시작하였다.

　디리야 토후국(사우디 제1 왕국)의 건국은 1744년 종교학자 압둘 와하브와 토후국 무함마드 이븐 사우드가 동맹 전선을 결성하고 디리야에 국가를 건설하면서부터다. 오스만 제국은 별 관심을 두지 않았고, 실제로 약 40년 동안 사우드의 영토는 디리야 근처의 아주 조그만 땅만을 가지고 있었다. 그러나 사우드는 그동안 칼을 갈며 병사들을 양성했고, 1780년대부터는 빠른 속도로 아라비아를 정복하여 1805년에는 메카와 메디나까지 정복했다. 사태가 심상치 않음을 느낀 오스만 제국은 이집트 속주 군대를 보내 1814년 전쟁을 선포하자, 1818년 사우드 군은 패배하여 독립 국가를 세우겠다는 꿈은 물거품으로 돌아가고 말았다.

네지드 토후국(사우디 제2 왕국)의 건국은 심상치 않았다. 그러나 사우드 가문은 독립 국가를 세우겠다는 꿈을 포기하지 않았다. 1824년 투르키 이븐 압둘라가 다시 독립 국가를 선포하고 아라비아 재정복을 시도하였다. 19세기로 접어들면서 오스만 제국은 맛이 가기 시작했고, 이 틈을 타 디리야 시절만큼은 아니더라도 웬만한 넓이의 영토를 거느릴 수 있었다. 하지만 사우드 가문의 역사 깊은 라이벌 가문인 라시드 가문과의 전쟁에서 패하여 1891년에 망한다. 아라비아의 판도는 오스만의 지원을 받은 라시드 가문의 자발 샴마르에게 넘어갔다. 사우드 가문은 오스만령 이라크와 쿠웨이트로 도망가 후일을 도모할 수밖에 없었다.

리야드 토후국(사우디 제3 왕국)의 건국과 사우디아라비아의 통일 왕국의 역사는 1902년 사우드 가문의 압둘 아지즈가 하일 토후국으로부터 리야드 지방을 탈환해 세 번째 독립 국가를 건설하면서부터다. 압둘 아지즈는 1913년 오스만 제국으로부터 알 하사 지역과 카티프를 빼앗아 영역을 확대했고, 한참 티격태격하던 자발 샴마르 토후국(하일 토후국)을 제1차 세계대전에 패전한 틈을 타서 공격하여 1921년에 완전히 병합한다. 그 이후 자신감에 부푼 압둘 아지즈는 술탄을 자칭하며 국명을 리야드 토후국에서 네지드 술탄국으로 바꿨다.

한편 무함마드의 직계 후손인 하심 가문의 후세인은 제1차 세계대전 중 영국에게 맥마흔 선언으로 아랍의 독립 약속을 받아 1916년에 오스만 제국에 대항해 봉기를 일으켰다. 전쟁이 끝난 후 영국은 후세인의 차남 압둘라를 요르단의 왕으로, 삼남 파이살을 이라크의 왕으로 각각 임명했으며, 후세인 본인은 메카와 메디나를 거점으로 한 헤자즈 왕국의 왕이 되었다.

그러나 후세인은 아랍 통일 왕국을 세워주겠다던 영국의 처음 약속이 지켜지지 않자 1924년 스스로를 모든 무슬림의 칼리파로 선언했다. 이는 많은 반발을 불러왔고, 같은 해 결국 사우드 가문의 압둘 아지즈가 후세인을 공격했다. 후세인은 키프로스를 거쳐 차남이 다스리던 요르단으로 도망갔고, 헤자즈의

압둘 아지즈 초대국왕(출처 : 현지 여행안내서)

왕위는 그의 장남 알리가 계승했으나 1년 만에 압둘 아지즈에게 정복당하고 이라크로 추방되었다. 압둘 아지즈는 네지드-헤자즈 이중 왕국을 다스리다가 1932년에 두 나라를 통합해 사우디아라비아 왕국을 선포하고 초대 왕이 되었다. 이후 1934년에 아라비아반도 남부의 아시르 지방을 합병하고 지금의 국경을 완성했다.

아라비아반도를 통일하고 나서 6년이 채 지나지 않아 석유가 발견되었는데, 사우디아라비아 사람들은 지금의 사우드 왕가가 아니었다면 독립을 포기했을 것이고, 식민 상태에서 석유가 발견되었으면 지금의 국가가 아니라 지옥문이 되었을 것이라는 태도를 보이고 있다. 그래서 국왕에 대한 지지율이 매우 높다.

3대 파이살 국왕(출처 : 현지 여행안내서)

아무것도 없는 나라에서 로또급 신세로 역전을 한 계기는 누가 뭐래도 석유의 발견이라고 할 수 있다.

1938년 미국계 석유회사들이 동부 담맘 지역에서 처음으로 석유를 채굴하는 데 성공했다. 이때부터 이미 미국과 사우디아라비아의 밀접한 관계가 시작되었다고 할 수 있다. 1933년 세워진 사우디 최대의 석유회사인 '사우디아람코(SAUDI ARAMCO)'의 이름이 'SAUDI ARabian-AMerica oil Company'에서 나왔다. 본인들 역시 석유 개발 기술력을 타국에만 의존하려 하지 않고 자체적으로 노하우를 쌓기 위해 노력을 아끼지 않았다.

3대 파이살 국왕(1964~1975 재위)은 석유를 무기로 이스라엘을 견제하며, 동시에 보수파의 반발을 무릅쓰고 여성학교를 세웠고, 사우디아라비아의 고질적인 고민인 먹고 마시는 문제를 해결하기 위해 대규모 농장과 수도관 공사를 기획하며 국가개혁을 이끌었으나, 1975년 3월 정신병을 앓던 조카 파이살 빈 무사드 왕자에게 암살당하고 말았다.

이를 두고 미국 및 유대인들이 배후에 있다는 음모론도 있고, 개혁을 반대한 와하브 보수파들도 파이살 국왕 제거에 기여했다는 주장도 많이 제기되고 있으나, 그냥 미친 조카의 단독 범죄로 흐지부지 마무리되었다. 그리고 무사드 왕자는 사형을 선고받게 된다.

본격적으로 전쟁이 벌어진 적은 없으나 이라크와 국경 분쟁으로 여러 번 사소한 전투가 있긴 했다.

그러나 21세기를 혼돈으로 몰고 가는 중동 이슬람 극단주의 문제가 와하비즘을 등에 업은 사우디아라비아의 탄생과 매우 밀접한 연관을 맺고 있으면서도 다른 한편으로는 이슬람의 성지를 가지고 있는 정통성과 엄청난 양의 석유 때문에 서구권에서는 사우디아라비아를 애증의 시선으로 보고 있다. 한마디로 석유만 아니었으면 진작에 무력을 썼을 놈 취급이다. 사실 사우디아라비아의 탄생을 비롯한 중동의 문제는 대부분 석유 및 지중해와 인도양의 중간에 위치해 있다는 지정학적 요소에서 나왔다. 석유 빼고는 자원이란 게 거의 없기 때문이다.

2013년까지 사우디아라비아는 '목금 주말제'를 고수하다가 2013년 8월부터 목요일은 주중으로, 토요일은 주말로 해서 주말을 '금토'로 바꿨다. 사우디에서 금요일에 비행기를 타고 토요일에 한국에 도착하면 일요일까지 주말이 3일이 된다. 동시에 대체 휴일제도를 도입했는데 금요일과 토요일인 사우디아라비아의 주말에 맞춰 공휴일이 금요일에 겹치면 목요일을, 토요일에 겹치면 일요일을 대체 휴일로 지정한다.

2019년 9월 14일(현지시각) 사우디아라비아 국영석유회사 아람코의 최대 석유 시설 두 곳이 예멘 반군의 무인기(드론) 공격을 받아 가동이 잠정 중단됐다. 이에 따라 국제유가 상승에 대한 우려가 커지고 있으며 가동 중단 후

원자재 시장 개장과 동시에 10달러 넘게 가격이 폭등하리라는 전망도 나왔다. 그런 가운데 공격의 배후로 지목된 이란과 이라크는 9월 15일(현지시각) 각각 자국이 사우디아라비아, 석유 시설을 공격했다는 주장을 반박하며 혐의를 강하게 부인했다. 9월 20일(현지시각) 아람코의 책임자가 "9월 말까지 (원유) 생산량이 공격을 받기 전으로 완전히 회복될 것으로 확신한다."고 밝혔다.

지리적으로 사우디아라비아는 세계에서 가장 큰 반도인 아라비아반도의 80%를 차지하고 있으며, 북위 16도에서 북위 33도에 걸쳐져 있고, 동경 34도에서 동경 56도에 뻗어 있다. 오만 및 아랍에미리트와의 국경이 명확하게 정해지지 않았기 때문에, 국가의 전체적인 면적은 알 수 없다. 《월드 팩트북》은 사우디아라비아의 면적을 2,149,690km²로 추정하고 있으며, 사우디아라비아가 세계에서 13번째로 큰 국가라고 규정했다. 지질학적으로 사우디아라비아는 아라비아에서 가장 큰 국가이기도 하다.

사우디아라비아의 지리는 아라비아 사막이 주를 이루고 있으며, 준사막과 관목지로 구성되어 있다. 몇몇 산맥과 고원도 사우디아라비아에 존재하지만, 사실상 사우디아라비아는 연결된 수많은 사막으로 구성된 땅이며 국가 남동부에 위치한 룸알할리사막은 세계에서 가장 넓은 사막의 일부분이다. 사우디아라비아에는 몇몇 호수가 존재하지만, 영구적인 수자원은 없으며 수많은 와디가 존재한다. 비옥한 지역은 곳곳에 산재한 분지, 오아시스 그리고 와디들에서 발견된다. 주요 지정학적 특징은 중앙의 고원으로 홍해에서 급격히 상승해 네지드 쪽으로 점차 줄어드는 형상이고, 페르시아만 쪽으로 뻗어 있다.

홍해 해안 지역에서는 좁은 해안 평야가 있으며, 이 지역은 '티하마'로도 불린다. 아시르주의 남서 지방은 산악지대이고 자발 사와다가 사우디아라비아에서 가장 높은 지점이다.

아시르주 일대를 제외하고 사우디아라비아는 사막 기후로, 낮에는 매우 덥고, 밤에는 급격히 온도가 떨어진다. 여름의 평균 기온은 45도이지만, 가장 높은 경우에는 54도까지 올라간다. 겨울의 경우 온도가 0도까지 하락한다. 평균적인 강우량은 적은 편이다.

아시르 지역의 경우 인도양의 몬순의 영향을 받기 때문에 몬순이 오는 10월부터 3월까지 평균 300mm의 비가 오는데 이는 1년 전체 강우량의 60%를 차지한다.

전제군주제이다 보니 사우디아라비아의 국가원수이자 통수권자는 사실상 사우디아라비아 국왕이며, 국왕은 절대군주 및 왕정 통치에 따라 사우디아라비아의 왕실은 물론 국무(國務)와 국정(國政)까지 개입한다. 같은 왕정국가들인 영국이나 네덜란드, 노르웨이, 스웨덴, 덴마크, 일본, 스페인 등은 입헌군주제 국가로, 국왕은 왕실 외에 정치나 행정, 사회 등에는 직접 개입하지 않고 수상(총리)으로 하여금 실질적인 국정 운영 및 통치를 맡기는 편이지만, 사우디아라비아는 절대군주제이자 왕정 통치 국가이기 때문에 국왕이 직접 왕실 외에도 국가수반으로서 행정에도 개입한다. 왕정 절대주의에 따라 수상(총리)도 국왕이 겸직하며 의회도 갖추지 않았다. 모든 장관은 국왕의 형제나 조카 등 직계 왕족만이 임명된다. 또한 의회가 없으니 국회의원 선거도 존재하지 않는다. 지방 단위 선거가 유일한 선거다. 하다 못 해 사우디와 비슷하게 군주의 권력이 강하거나 정치적으로 거의 전제군주국이다시피 한 요르단이나 오만, 카타르, 모로코, 바레인 같은 아랍의 군주국들도 의회가 존재하지만, 사우디아라비아는 없다.

국왕은 사실상 사우디아라비아의 최고 통수권자이자 행정 외에도 군 통수권자 역할도 하기 때문에 사우디군의 최고수장은 사우디 국왕이다.

2013년 2월 26일에 역사상 처음으로 여성들을 의회인 슈라위원회에 넣게 되었다. 비록 실질적인 정치권은 없지만, 그동안 슈라위원회를 남성들이 계속 독점하던 것을 생각하면 놀랄 만한 일이다. 같은 해 주말을 금요일과 토요일로 바꿨다.

그러나 여성 참정권을 허락한 일도 있지만, 무신론자가 신이 없다고 주장했다는 이유로 징역 10년, 태형 2천 대를 선고받는 사건도 발생했다. 거기에다 사우디는 동성애가 형사처벌을 받는 범죄행위이고 채찍질에서 처형에 이르는 범죄로 규정되어 있어서 2018년 1월 9일에 게이 결혼식이 열리자 게이 결혼식에 연루된 사람들을 체포했다.

2017년 들어 왕세자가 된 무하마드 빈 살만의 지휘하에 '온건 이

왕세자 무하마드 빈 살만(출처 : 현지 여행안내서)

슬람 국가'로 탈바꿈하기 위해 나름으로 노력을 하고 있다. 남녀 혼석 공연, 영화관 허용 등과 같은 와하비즘 국가이면서도 온건 이슬람 국가로 탈바꿈하는 데 성공한 카타르처럼 되는 것을 목표로 하는 듯하다.

그러나 왕가가 막대한 부를 거머쥐고 있고 세계적으로 부의 불균형 분배가 극심한 빈부격차가 엄청난 국가이다. 보통 평민들과 서민들은 못산다. 빈부격차 문제가 심각한데 사우디 인구의 4분의 1이 빈곤선 이하에서 생활하는 것으로 알려져 있다. 이들은 하루에 17달러 이하의 생계비로 먹고살고 있다. 거주환경 역시 매우 열악하다. 사우디 정부의 발표로는 청년 실업률을 12%로 추산하나 현지인 기준으로 보면 청년의 4분의 1이 실업자다. 이들 빈곤층은 가난하여 구걸하거나 쓰레기를 뒤져서 먹거리를 찾을 정도는 아니다.

국가의 부가 왕가에 몰려있으며 이로 인한 왕가의 부패 문제가 등장한다. 돈이 있다 하더라도 국민에게 분배하는 데 별 신경을 안 쓴다. 국민이 혜택을 제대로 받지 못하는 문제가 심화되자, 반 왕가 감정도 슬슬 높아지는 추세다. 그래도 먹고사는 문제 등 기본 생계는 사우디 왕의 백성이라는 것만 확실하게 인정되면 100% 해결이 되기 때문에 아예 폭발까지는 하지 않는 수준이다.

대부분 땅이 사막성 기후이여서 농사가 안되다 보니 옛날부터 식료품을 거의 다 수입해오곤 했는데, 파이살 국왕이 살아생전 이걸 매우 걱정했다고 한다. 알다시피 세계적 곡물 자본 및 종자 사업을 유대인들이 거의 독점했는데, 사람이 석유가 없다면 불편하긴 해도 죽진 않지만, 곡물이 없다면 어찌 될지는 뻔한 일. 게다가 물 부족도 심각하다. 그래서 지하수를 이용하거나 바닷물을 정수하여 충당하고 있다.

이렇게 오랜 시간과 노력 끝에 사막에 거대한 농장을 만드는 일을 해냈다. 이스라엘 키부츠도 마찬가지인데, 대한민국에선 그동안 키부츠는 위대하다고 선전되고, 아랍에서 하는 것은 너무 무시되어 왔다. 1989년 이후로 사막에 있는 거대 농장에서 밀과 여러 곡물, 과일들이 재배되어 여러 아랍 나라로 수출되고 있다. 얼마나 잘 해냈는지 한때는 세계 6위의 밀 수출국이라는 타이틀까지 달았을 정도였다.

하지만 농장 유지비가 엄청나서 수입 가격의 3배 이상을 들여야 한다는 게 문제인 데다가, 이 농장 일이 워낙 힘들다 보니 사우디인들도 힘들어하며 안 하는 통에 이웃 예멘인들이 와서 일을 하는데 이들에게 주는 돈도 워낙 짜서 예멘에서 불만이 크단다. 더불어 이것들을 죄다 석유자본으로만 해결하는 것도 문제. 특히 농장의 물을 지하수로 공급했는데 갈수록 지하수 수위가 낮아져서 농장을 오래 유지하기가 힘들어지고 있다. 그렇다고 담수화된 해수로 농사를 짓는 데에도 한계가 있어서 농장경영은 물을 적게 쓰는 방향으로 점차 축소하고 있다.

사우디아라비아의 인구는 2024년 《월드 팩트북》에 따르면 3,747만 3,929명으로 대한민국 인구의 73% 정도에 불과하다. 한반도의 10배 가까운 땅 면적에 비하면 인구가 상당히 적은 편으로 인구 밀도는 17.5명/km²에 불과하다. 아무래도 땅덩어리는 넓지만, 국토 대부분이 사막(특히 남부지방 룹알할리사막)이라 불모지이기 때문에 인구가 적은 듯하다. 민족구성은 아랍인이 90%를 차지하고 아프리카계가 10%를 차지한다. 전체 인구의 30% 이상이 외국에서 이민 온 사람들이라 한다. 출산율은 여성 1명당 2.09명으로 꽤 높은 편이나 영아 사망률 또한 1천 명당 13.2명으로 의외로 높다. 인구증가율은 1.45%이다. 인구의 83.5%가 도시에 집중되어 있고 600만 명 이상이 수도 리야드에 산다. 뒤를 이어 제다에 400만 명 정도가 살고 있다. 리야드, 제다, 메카, 메디나, 담맘 등 5대 도시 인구의 합은 1,983만 6,000명으로 전체 인구의 반 이상을 차지하고 있다.

언어는 아랍어가 공용어이다. 그리고 사우디 내에서는 아랍어 방언이 자주 사용되고 있다. 사우디는 예전에 영국의 보호국이 된 적이 있어서 영어가 주요 외국어로, 외국에서 무슬림들이 성지순례를 하러 오는 경우가 많아서 영어가 널리 사용되고 있다.

이 나라는 종교의 자유가 없는 나라라고 불리거나 혹은 종교의 자유가 다른 국가보다 덜 보장되는 것으로 알려진 아랍 국가 가운데 하나로, 국민의 절대다수의 종교는 이슬람교이다. 단, 종교의 자유가 보장된다고 알려진 다른 아랍 국가 중에서도 그러하듯이 이 나라에서도 역시 사우디 자국민을 제외한 외국인이 국가에서 지정한 이슬람교 이외의 종교를 개인적으로 믿을 수 있게 해준다. 다만, 이슬람교의 예배 장소인 모스크를 제외한 교회와 절의 설립은 법으로 막고 있다.

사우디아라비아는 이슬람교의 발상지이고 수니파 이슬람교가 국교이며 건국 이념에서도 '알라 외에의 신은 없으며 무함마드는 그의 사도이다.'인 것에서 알 수 있듯이 다른 종교는 존재할 수 없다. 라마단(禁食)이 엄격하게 지켜지며(이 때문에 1998년 아시안 게임에 불참하였다), 공항에서 술, 음란 잡지 등은 적발 시 압수 조치될 정도로 엄격하다. 종교 때문에 야구 등 시간제한이 없는 스포츠보다는 축구 등 시간제한이 있는 스포츠가 발달하였다.

종파별로는 전체 인구의 85~90%가 수니파이며, 10~15%는 시아파에 속하는데, 시아파는 사우디아라비아 정부로부터 차별을 받고 있다.

사우디아라비아는 무슬림이나 무슬림 이외의 사람들이 이슬람교 이외의 종교를 인정하는 경우가 있다고 하나, 많은 사람이 그렇게 생각하지 않으며, 내국인과 외국인들의 이슬람교 이외의 종교 집회가 금지된다.

사우디아라비아는 태어난 직후부터 남녀가 부동석일 정도로 남녀구별이 엄격하여, 초등학교부터 남녀공학 학교가 단 하나도 없는 몇 안 되는 나라

알라의 문양(출처 : 현지 여행안내서)

무함마드의 문양(출처 : 현지 여행안내서)

이다. 교과목에도 코란이 포함되어 있다. 강간과 성폭력은 살인과 같은 중대 범죄로 간주되며, 실제로 사우디 법원은 성폭행을 저지른 남성을 참수한 바 있다.

리야드(아랍어 : 알리야드)는 사우디아라비아의 수도이다. 사우디아라비아에서 가장 큰 도시이며, 인구는 2019년 기준으로 6,506,700명으로 아랍권에서 사람이 가장 많이 살고 있는 도시 가운데 한 곳이다. 아라비아반도 중앙부 나지드 고원 지대의 동쪽에 위치해 있는 리야드는 해발 약 600m, 면적은 1,913km²로 아랍권에서 가장 큰 도시 가운데 한 곳이다.

리야드는 사우니아라비아의 성치와 행정, 경제의 중심지다. 15개의 구로 이루어져 있으며 리야드의 시장과 리야드주의 주지사가 관리한다.

이슬람교가 들어오기 전에 오늘날의 리야드 지역은 '하지르'라고 불렸으며 바누 하니파 부족이 세웠다고 전해진다. 하지르는 알 야마마 지방의 수도였

리야드 시내 야경 (출처 : 현지 여행안내서)

으며, 알야마마의 지방관청은 우마이야 왕조와 아바스 왕조 시기에 아라비아반도의 동부와 중부 대부분을 다스렸다. 866년에 바누 우하이디르 왕조가 아바스 왕조로부터 하지르를 빼앗고 수도를 하지르에서 근처의 알하르지로 옮기면서 하지르는 침체기를 겪었다. 14세기에 이븐 바투타가 하지르를 방문해 "알야마마의 마을 이름을 하지르다."라고 기록을 남겼고, 운하와 나무가 많이 있으며 대부분 사람은 바니 하니파 부족이라고 설명했다. 이븐 바투타는 또한 이들의 지도자와 함께 하지르에서 메카로 갔다고 기록했다.

이후 하지르는 여러 마을로 쪼개졌지만 하지르라는 이름은 민담으로 계속 이어져 내려왔다. '리야드'라는 이름은 1590년에 처음으로 나온다. 1737년에 부근의 만푸하에서 피난을 온 데함 이븐 다와스가 리야드를 다스리기 시

미국 루즈벨트 대통령과 정상회담하는 국왕(출처 : 현지 여행안내서)

영국 처칠 수상과 정상회담하는 국왕(출처 : 현지 여행안내서)

작했고, 이븐 다와스는 마을에 있는 오아시스들을 둘러싸는 단일 성벽을 쌓아 하나의 도시로 만들었다. '정원'이라는 뜻을 가진 리야드는 초창기의 오아시스를 일컫는 말이다.

1744년에 무함마드 이븐 압둘 알와하브가 디리야의 지도자 무함마드 빈 사우드와 연대해 단일 이슬람 국가를 건설하고자 주변 지역들을 정복해 나갔다. 리야드의 이븐 다와스는 알하르즈와 알하사의 병력 그리고 나지란의 바누 얌 부족과 연대해 저항했지만 1774년에 이븐 다와스가 패퇴하고 리야드가 항복하자 사우드 가문은 사우드 제1 왕국의 건국을 선포하고 디리야를 수도로 삼았다.

이후 오스만 제국의 무함마드 알리가 사우드 제1 왕국을 무너뜨리고 1818

년에 디리야를 파괴했다. 투르키 빈 압둘라 빈 무함마드는 사우디 제2 왕국을 건국하고 초대 아미르의 자리에 올라 1834년까지 사우디 제2 왕국을 다스렸다. 비록 개념상 사우디 제2 왕국의 영토 대부분은 오스만 제국의 이집트 총독인 무함마드 알리의 지배 아래에 있었으나 투르키 빈 압둘라 빈 무함마드는 영토 일대를 통합했다. 1823년에 투르키 빈 압둘라 빈 무함마드는 리야드를 새 수도로 삼았다. 1834년에 투르키 빈 압둘라 빈 무함마드가 암살당하자 그의 큰아들인 파이살이 암살자를 죽이고 권력을 잡았으며 이집트 총독의 통치를 받기를 거부했다. 이후 파이살은 카이로에 포로로 잡혀갔지만, 이집트가 오스만 제국에서 독립한 틈을 타 5년 만에 사우디 제2 왕국으로 돌아왔고, 1865년까지 다스리면서 사우드 가문의 통치를 굳혔다.

마지막 요새

파이살이 죽은 뒤 아들들 사이에서 권력 다툼이 일어났고, 무함마드 빈 라시드가 사우디 제2 왕국의 대부분을 차지하고 오스만 제국과 협정을 맺었으며 1871년에 알하사를 점령했다. 1889년에 파이살의 셋째 아들인 압둘 라흐만 빈 파이살이 권력을 잡고 1891년까지 다스렸으나 무함마드 빈 라시드가 권력을 되찾았다. 권력 다툼이 계속 이어지다 1891년에 라시드 왕조가 사우디 제2 왕국을 무너뜨렸다. 마지막 요새는 이 시기에 지어졌다.

압둘라흐만 빈 파이살은 유목민들을 모아 오늘날의 쿠웨이트 지방으로 갔고, 그의 아들 압둘아지즈 알사우드가 1902년에 옛 지역을 탈환하고 그 이후에 아라비아반도 대부분을 차지했다. 1932년 9월에 압둘아지즈 알사우드는 나라 이름을 '사우디아라비아'라고 하고 리야드를 수도로 삼았다.

리야드는 1940년대부터 발전하기 시작했고, 사우드 빈 압둘아지즈 알사우드는 리야드를 현대화시키고자 했다. 1953년에는 격자형 도시 구조가 도입됐다. 1974년부터 1992년까지 리야드의 연평균 인구증가율은 8.2%를 기록

압둘라우프 칼릴 사우디 최대 국립박물관

했다. 1957년에는 리야드대학교가 세워졌고, 1970년에는 오늘날 세계에서 가장 큰 여자대학인 리야드여자대학교가 세워졌다. 리야드는 2019년 국제금융센터지수 순위에서 96위를 기록했다.

그리고 2017년에 리야드는 예멘으로부터 유도탄 공격을 받기 시작했다. 2018년 3월에 후티가 쏜 유도탄이 리야드에 떨어져 한 명이 죽었다. 또한 2018년 4월에는 리야드에서 강한 총성이 들려 쿠데타 시도가 있었다는 의혹을 낳았다.

메디나(Medinah)는 사우디아라비아의 서부 헤자즈 지방에 있는 도시로, 메디나주의 주도이다. 이곳은 메카에서 북쪽으로 약 350km 지점에 있는 성지로, 무함마드가 622년 메카에서 추방당하여 헤지라(성천)를 행한 곳으로

재래시장

각종 대추야자

서, 그의 묘가 있다.

　2010년 당시 인구는 110만여 명이며, 대추야자를 비롯한 과일 곡류의 집산·거래가 활발하다. 특기할 점으로 이 도시는 메카와 함께 무슬림이 아닌 사람의 출입이 원칙적으로 금지되어 있다는 것이다. 이를 위해 외곽에는 방문객을 통제하기 위한 초소가 곳곳에 설치되어 있으며, 이를 어기고 들어갔을 시 체포되어 투옥되거나 최악의 경우 사형에 처해질 수도 있다. 이곳에서 가장 유명한 것은 예언자의 회교 사원이다. 1946년 6월 전 국왕은 전 세계 이슬람교도에 대하여 이 모스크의 확장을 발표하고, 1955년에 완성하였다. 증축된 부분은 동서 양쪽에 각기 44개의 창을 가지고 있다. 폭은 91m, 232그루의 원주가 현관을 따라 서 있고, 70m나 되는 2개의 첨탑이 솟아 있다.

비 무슬림이 가장 가까이 접근할 수 있는 곳(알 타이프)

무함마드의 헤지라 이전엔 '야스리브'라 불렸고, 헤지라 이후에는 '예언자의 도시(마디나투 안 나비)'라고 불리게 되어 이것이 일반적으로 '도시'를 의미하는 메디나로 일컬어진다. 그 외에도 빛의 도시(알마디나 알무나와라), 신의 사자(使者)의 도시(마디나투 라술 알라) 등으로도 불린다.

메카와는 달리 오아시스 도시로서 야자수와 곡물이 재배되어 이들 농산물이 외부에 나가게 되었다. 사회의 구성은 메카보다 복잡하여 아랍족으로서 카즈라지족과 아우스족이 있었고 그 외에 세 종족으로 나뉜 유대교도가 있었다. 무함마드의 '헤지라'에 앞서 아우스족 대부분과 카즈라지족 일부가 서로 싸웠으므로, 무함마드는 이 분쟁에 대한 조정자로서 또한 예언자로서 메디나에 초빙되어, 이 두 종족을 이슬람의 결합 원리에 의하여 통일로 연합시켰다.

예언자의 회교 사원

예언자의 회교 사원 내부

사원 내 예언자(무함마드)의 무덤

예언자의 회교 사원 입구

메디나 시내 관광

이 연합은 불안정한 것이었으나 마호메트군(軍)의 메카 약탈로 메디나 경제가 윤택해져서 이슬람을 지지하게 되었다.

이곳은 무함마드가 죽은 뒤에도 '정통(正統) 칼리파' 시대의 수도였다. 정치의 중심이 다른 곳으로 옮겨간 뒤부터 이곳은 하디스 학문 형성의 중심이 되었다.

70m 높이의 첨탑

제다(Jeddah)는 사우디아라비아에서 가장 중요한 항구 도시로 행정 구역상으로는 메카주에 속한다. 홍해 연안에 위치하여 '홍해의 신부'라고 불린다. 압둘아지즈 국왕 국립대학이 있는 이곳은 또 외교 중심지이기도 하여 외무부를 비롯한 각국의 외교 공관이 모여 있으며 킹압둘아지즈국제공항을 통하여 외국으로 연결된다.

제다는 사우디아라비아 서부 메카주에 위치한 사우디아라비아의

사우디 메카 : 이슬람 교도의 평생소원은 살아서 메카를 한 번 가보는 것(출처 : 현지 여행안내서)

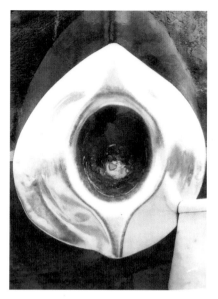
메카에서 아브라함이 기도하던 카바신전의 검은 돌
(출처 : 현지 여행안내서)

킹압둘아지즈국제공항을 통해 매년 이슬람의 성지인 메카를 성지순례 하는 수백만 명의 무슬림들이 거쳐 가는 관문의 도시이기도 하다. 현재 세계에서 제일 높은 건축물이 될 마천루인 제다타워가 건설 중이다. 높이는 무려 1,007m에 달하며 이미 세계에서 가장 높은 것 중의 하나이고 압둘라 국왕 광장에 있는 세계에서 가장 높은 국기 게양대는 높이가 171m에 달한다.

제다는 대한민국에서 1970년대부터 시작된 중동 건설 붐의 영향 덕분에 사우디아라비아 항공노선의 거점 지역으로 수도 리야드, 이슬람의 종교적 성지 메카 다음으로 인지도가 높은 사우디아라비아의 도시이다. 대한항공이 1977년 4월부터 서울발 정기노선을 개설하였다가 1997년 중동 건설 붐이 꺼지고 1997년 외환 위기로 운항을 중단했는데, 15년만인 2012년에 해당 노선을 복항하여 현재 킹압둘아지즈국제공항에 취항했다. 하지만 2017년 2월 사우디아라비아의 경제가 안 좋아지면서 단항했다. 리야드의 킹할리드국제공항을 중간에 경유한 후 인천으로 갔으며, 제다-리야드 구간은 항공자유화협정 9단계인 사우디의 국내선 구간이 되기 때문에 판매하지 않는다. 사우디항공과 코드가 같은 노선

제다 명소 방문

제다 명소 방문

이었으나, 2018년 3월 대한항공이 사우디아라비아 운수권을 반납한 후 두바이에서 사우디항공과 환승 연계하기로 합의했다. 사우디항공도 제다에 본사가 있으며 에미레이트항공을 타고 두바이에서 환승해도 된다. 다만 이쪽은 마일리지가 걸린다.

알 타이프(Al Taif)는 사우디아라비아 메카주에 위치한 도시로 메카에서 남동쪽으로 100km 정도 떨어진 곳에 위치하며, 높이는 해

건설 중인 세계에서 제일 높은 빌딩(제다타워)

발 1,879m, 인구는 521,273명(2019년 기준)이다. 사우디아라비아 정부는 매년 여름철이 되면 무더위로 인해 뜨거워진 리야드에서 이곳으로 옮겨 업무를 진행한다.

농촌 지대에서는 주로 포도와 벌꿀이 생산된다.

사우디의 북서쪽에 있는 마다인 살레(Madain Saleh)는 나바테아인들의 발자취가 생생히 담겨있는 곳으로 요르단의 페트라 유적지에 이어 중요한 역사유적지이다.

마다인 살레는 이슬람 법령인 파트와 관련한 전설이 있는 곳으로 파트와의 저주를 받아 금기시된 곳이다.

알울라 지역 방문

전설에 의하면 암석을 파서 집을 만들고 우상을 만든 간교한 타무드인들이 살던 곳인데, 신이 예언자 살레에게 이들을 찾아가 개종을 시키라고 명했다고 한다. 의심 많은 사마리아인들은 신의 사도라는 증거를 보이라고 했고, 살레는 이들이 보는 앞에서 바위로 암컷 낙타를 만드는 기적을 행했다. 낙타는 낮에는 마브라크에서 나쿠야까지 다니며 풀을 뜯어 먹고, 밤이면 온 주민이 먹을 충분한 젖을 공급했었다.

그러나 타무드인들은 개종은커녕 낙타를 죽이려고 했고, 좁다란 협곡 사이에 단도를 꽂아두어 지나가던 낙타를 괴로움에 신음하며 죽도록 만들었다. 어미 낙타가 죽으면서 배 안에서 새끼가 나왔는데 이는 곧 바위가 되었다. 분노한 신은 타무드인을 빌하어 천둥과 지진을 일으켜 이들을 멸망시켰다. 코

마다인 살레 유적지

마다인 살레 알쿠라이마트 지역의 무덤(출처 : 사우디아라비아 엽서)

마다인 살레 주위의 무덤군(출처 : 사우디아라비아 엽서)

마다인 실레 주위의 무덤군(출처 : 사우디아라비아 엽서)

마지막 날 현지 가이드 집 방문

란에 나와 있는 전설이라 이슬람교도들은 지금도 이곳을 꺼린다.

이후 리흐얀 왕국(Lihyanite Kingdom)에 의해 사용되다가 나바테아인들이 점령했는데, 마다인 살레는 나바테아 왕국 최남단의 거점이면서 페트라에 이어 두 번째의 수도였다. 페트라와는 달리 인근에 농경을 가능케 하는 오아시스가 존재했기에 이 지역에 안착하여 나바테아 건축양식(나바테아인들과 교류하던 로마 건축양식까지도)을 활용하여 수많은 건축물을 만들었다.

하지만 사람들은 근본적으로 신의 하사품을 죽여 저주가 깃든 곳이라고 믿었고, 그래서 수백 년간 아무도 찾지 않았다. 그러다 20세기 초반에 예루살렘을 방문했던 수사 2명이 마다인 살레를 발견했고, 이후 유적을 발굴하고 있는 현장으로 변했다.

마다인 살레가 우리에게 특히나 중요한 이유는, 유적 곳곳에서 발견되는 나바테아어 기록 때문인데, 나바테아어는 시나이에서 남부 시리아까지 동일한 형태로 나타난다. 그리고 나바테아어는 아람어의 변형된 형태를 띠고 있다.

아랍어는 페르시아 제국 때 공용어로 쓰인 셈족 언어로써, 나바테아인들은 자신들에게 적용 가능한 쉬운 형태로 변형했다.

이 거대 왕국이 사용하던 새로운 나바테아어의 표기 기법은 훗날 우리가 알고 있는 세계 4대 언어 중 하나인 아랍어의 초기원형이다.

언어를 보면 그 나라 문명을 알 수 있다고 했다. 우리는 마다인 살레를 통해 고대 아랍 문명의 수수께끼들을 점차 밝혀나갈 수 있을 것이다.

이슬람교(Islam敎)

이슬람교는 역사적으로 7세기 초 마호메트(아랍어로는 무함마드)가 불러 일으킨 종교이며 불교, 크리스트교와 더불어 세계 3대 종교의 하나이다. 유럽에서는 창시자의 이름을 따서 마호메트교라고 하며, 중국에서는 위구르족을 통하여 전래되었으므로 회교(回敎)라고 한다. 이슬람이란 '절대 귀의한다. 곧 신에 복종한다.'는 뜻이며 아랍어로 유일신 '알라'를 신앙의 대상으로 삼고 코란을 그 경전으로 삼는다.

5세기경 아라비아반도 중서부 헤자즈 지방에 자리 잡은 쿠라이시 집안의 사람들은 메카에 카바신전을 재건하고 이 지역에 모이는 모든 순례자에게 음식과 물을 제공하였다. 570년경 마호메트는 이곳 명문가 쿠라이시 집안에서 태어났다. 그는 고아로 자랐는데 큰아버지의 대상(카라반)을 따라 시리아를 여행하면서 견문을 넓혔다.

그리고 어느 날 마호메트는 부유한 미망인(과부) 카디자의 상가에서 일을 하게 되었다. 그때가 마호메트 나이 25세이고, 카디자는 15살 연상의 여인이며, 과부였다. 돈이 많고 부자였던 카디자는 성실하고 잘생긴 마호메트에게 한눈에 반하여 청혼해서 부부가 되었다. 그리고 30년 가까이 부부생활을 하며 아들 두 명과 딸 네 명을 낳았다. 두 아들은 모두 요절하였고, 딸은 순서대로 자이납, 루까이아, 음무쿨쑴, 파티마였다. 여성으로서 최초 무슬림이 된 사람은 부인 카디자이고, 다음으로는 넷째 딸 파티마 가족이 무슬림으로 대를 잇는다. 당시 아랍 민족의 대부분은 유목 생활을 하는 베두인이므로 자연물 숭배나 원시적인 다신교를 믿었다. 그래서 카바신전은 수백의 신상을 모시는 성지였다.

610년경 마호메트는 천사로부터 신의 계시를 받고 유일신 알라의 가르침을 받았다. 그리고 아라비아 백성들에게 전해야 할 사명을 깨달았다. 그러나 카바신전의 소유자이고 관리자이며 메카의 지배자였던 쿠라이시 집안의 대부분 사람은 종래의 종교 행위를 무시하는 새 종교를 박해하기 시작했다. 마호메트는 박해를 피하여 622년 북쪽 지역 아드리브(지금의 메디나)로 신도들을 데리고 성지를 옮겨 갔다. 이것이 헤지라(성인의 옮김)라고 일컫는 큰 사건이며, 마호메트와 이슬람교는 여기서부터 크게 발전하기 시작했다.

오늘날 이슬람교도들이 쓰는 달력인 이슬람력(회교력)은 이 헤지라의 해를 기점으로 하여 622년 7월 16일을 기원으로 삼고 있다. 이 사건으로 야드리브란 마을도 예언자의 마을(메디나)로서 기억하기에 이른다. 이로부터 9년에 걸쳐 메카와 메디나의 이슬람 교단 사이에 싸움이 벌어졌으나 이슬람 쪽이 승리하게 된다. 그리하여 632년 마호메트가 세상을 떠난 뒤에는 카바신전의 우상은 전체가 파괴되고 모두가 알라신전으로 바뀌었다. 그 후 아라비아 전역의 백성들은 이슬람의 이름 아래 통일이 되어 현재에 이르고 있다.

이슬람교의 근본정신은 '알라 외의 신은 없고 무하마드는 그 사도이다.'란 구절 속에 나타나 있다. 곧 마호메트는 어디까지나 사람이며 오직 하나밖에 없는 신 알라의 가르침을 가장 완전히 전한 가장 위대한 최종의 예언자로 본다. 이슬람교의 가르침에는 신(信)과 행(行)의 두 가지가 있다.

신은 믿지 않으면 안 되는 것으로 유일신 알라, 천사들, 성전, 예언자 등과 최후 심판의 날이 오는 것 등이다.

행(소)은 신도가 해야 힐 의무이며 이슬람의 오주(五柱)이다.

곧 ① 고백(告白, 사하다), ② 예배(사라트), ③ 희사(喜捨, 자카드), ④ 재계(齋戒, 사움), ⑤ 순례(巡禮, 하즈) 등이다. 그밖에 성전(聖戰, 지하드)이라고 하며 이교도나 불신도와 싸울 의무를 제6주(第六柱)로 삼는다. 또한 성법(聖法, 사리아)이라는 것이 있어서 음식에 대한 규정(라마단), 도박 및 고리대금 금지를 비롯해서 요람에서 무덤까지 일체의 행사에 대해 교도가 지켜야 할 규율이 규정되어 있다. 이슬람교도에게는 코란의 가르침에 대해 독특한 생활과 풍습을 볼 수 있다. 그중 교단의 모두는 아니지만, 일부다처제(한 남편이 네 여자를 거느릴 수 있음)를 예로 들 수 있다. 이것은 마호메트에 의해 일어난 포교 활동 중 희생자가 된 남자들의 처자를 부양하기 위하여 한 남자가 4명까지 과부를 거느릴 수 있게 허용한 데서 비롯되었으며 그 후 대외 발전과 인구증가 정책으로 이 제도가 유지되어 오늘에 이르고 있다.

여성 격리나 하렘도 특이한 풍습의 하나이다. 이슬람 사회의 여성은 외출할 때 몸을 거의 감싸서 다른 사람에게 얼굴이나 몸을 보이지 않는다. 가정에서도 여성의 거주지역이 정해져 있다. 하렘도 여성 격리 풍속과 관계가 깊어 어디서나 남편 이외의 남자는 물론이고 일반인과도 떨어져 있어야 한다. 그러나 오늘날에는 이러한 풍습이 차차 없어져 가고 있다.

교세는 날로 발전하여 지금의 무슬림 인구는 전 세계 인구의 4분의 1이라고 한다. 그중에 인도가 가장 많고, 다음이 인도네시아, 그다음이 아프리카 순이다. 그리고 한국에는 낯선 이슬람교가 1950년 6·25사변 때 유엔군으로 참전했던 튀르키예부대의 압둘라흐만 종군 이맘(성직자)에 의해 처음으로 포교가 시작되어, 지금은 무슬림이 1만 명 가까이에 이른다고 한다.

예멘 Yemen

예멘(Yemen)은 아라비아반도 남서부, 홍해에 면한 공화국이다. 홍해 연안을 따라 좁은 평야가 있고 내륙은 구릉 지대이며 사우디아라비아와 국경을 이루는 동쪽 지역은 3,000m 안팎의 고원 시대를 이룬다.

평야 지대에는 기온이 높고 건조하나, 내륙지방으로 갈수록 따뜻하고 비가 많아 아라비아반도에서 드물게 농업에 알맞은 지역으로 손꼽힌다. 국민의 대부분은 아랍인이고 이슬람교가 국교이다. 농업과 목축업을 주산업으로 하는 예멘의 내륙지방에서는 옥수수, 밀, 커피, 목화 등을 재배하고, 해안 평야 지대에는 주로 면양, 염소, 낙타 등의 목축업이 성하고 있다.

국토면적은 19만 5,000km²이며, 인구는 약 3,522만 명(2024년 기준)이다. 수도는 사나(Sanaa)이고, 공용어는 아랍어이다. 종교는 이슬람교(수니파 65%, 시아파 35%)이며, 화폐단위는 예멘 리알을 사용한다.

시차는 한국시각보다 6시간 늦다. 한국이 정오(12시)이면 예멘은 오전 6시가 된다. 전압은 110V-50Hz/60Hz를 사용하고 있다.

'예멘'이라는 아랍 이름은 오른쪽이라는 뜻이다. 그 이유는 예멘에서 이슬람교의 중심인 사우디아라비아의 메카를 바라볼 때 오른쪽에 위치해 있기 때문에 얻어진 이름이다.

오스만 튀르크족은 1517~1635년 그리고 1872~1890년까지 두 차례에 걸쳐 북예멘을 점령하였다. 1904년부터 이맘 야야가 권력을 잡은 후 1948년까지 통치를 하였다. 그러나 제1차 세계대전으로 오스만 제국이 붕괴하기에 이르러 이를 기회로 하여 독립을 하였다. 그리고 수도 사나(Sanna)는 모두가 '아리비아의 진주'라고 부르고 있다. 현재는 많이 개방되어 있지만 사나의 일부분은 아직도 과거의 모습을 간직하고 있으며, 마치 중동의 소설이나 동화에 나오는 배경과 거의 일치한다.

예멘의 전통 주택(출처 : 현지 여행안내서)

수도 사나의 전통 주택들(출처 : 현지 여행안내서)

수많은 장식으로 치장을 한 가옥들은 궁궐과 비슷한 모양을 하고 있고 창
문들 또한 특이한 고딕식 장식으로 되어 있다. 1980년 유네스코는 사나를
인류 최초의 문화 중의 하나로 선포하고 기념물로 보존할 필요성이 있음을
강조했다. 그러나 인구는 나날이 불어나고, 거리에는 엄청난 쓰레기더미가
쌓여 있고, 중고 승용차와 트럭 등에서 배출되는 매연이 공기를 오염시키고
있어 사나는 매력과 불편이라는 이중적인 유산을 동시에 갖고 있는 도시이
기도 하다.

천년의 고도 수도 사나는 1,500년 전부터 외부 세계와는 폐쇄적인 정책으
로 사나만큼 아라비아의 신비롭고 고전적인 도시를 오랫동안 고이 간직해온
도시는 지구상에 드물다고 본다.

낙타를 몰고 가는 상인(출처 : 현지 여행안내서)

실제로 사나에는 구시가지를 중심으로 100개 이상의 모스크와 10개 이상의 전통 목욕탕인 하맘 그리고 6,000여 채에 달하는 전통적이고 고전적인 건축물들이 자리 잡고 있다. 그리고 홍해 연안의 작은 항구 도시인 무하는 1,500년 전부터 아라비아반도에서 커피 수출로 유명한 도시이다.

현재 세계적으로 유명한 커피 모카 골드는 이곳 항구의 이름을 따서 모카 커피라고 불리게 되었다고 한다. 그래서 무하나 사나의 구시가지에는 지금도 옛 아리비아 상인들이 당나귀와 노새 그리고 낙타들을 몰고 오가던 풍경을 그대로 간직하고 있다는 것을 잊지 말아야 한다. 그러나 불행하게도 예멘 반정부군은 과거 북부지역에서 2007~2009년까지 사나 인근에서 외국인을 상대로 테러가 잦았고, 2009년에는 네 명의 한국인 여행자들이 테러의 희생양으로 유명을 달리했다. 그러나 지금은 사나 시내에서 테러 활동을 하는 일은 드문 편이다. 그렇다고 해도 현재에도 예멘의 정세가 불안한 것만은 사실이다. 그래서 외무부 고시로 예멘의 비자는 발급할 수 없으며, 당분간은 예멘에 여행을 하기 위한 꿈과 희망은 접어야 한다.

남예멘 South Yemen

　남예멘(South Yemen)은 아라비아반도 남쪽 끝에 있는 나라이다. 아라비아 고원의 남부에 자리 잡고 있어 국토의 대부분이 1,000m 내외의 고원지대이며, 해안과 서부 산지 외에는 황폐한 산악이나 사막으로 되어 있다.

　수도 아덴(Aden)은 천혜의 무역항으로 15세기 이후 포르투갈의 동방 향료 무역의 전진기지였고, 19세기 말 이후에는 영국의 인도양 진출기지, 중계항, 군사기지로 발전하였다.

　국민의 대부분은 아라비아인으로 수니파의 이슬람교도들이다. 1967년 아덴과 연안 20여 토후국

아덴만에서 고기를 잡는 어부(출처 : 현지 여행안내서)

이 어울려 영국으로부터 독립하였으나 생산자원이 전혀 없는데다 아덴항의 중계무역마저 쇠퇴하여 지금은 후진성을 면치 못하고 있는 실정이다.

국토면적은 360,133km²이며, 인구는 약 516만 8,000명(2024년 기준)이다.

수도는 아덴이고, 공용어는 아랍어이나. 종교는 이슬람교 수니파이며, 화폐단위는 남예멘 디나르를 사용한다. 시차는 한국시각

아덴만의 갈매기 떼들(출처 : 현지 여행안내서)

보다 6시간 늦다. 한국이 정오(12시)이면 남예멘은 오전 6시가 된다. 전압은 110V–50Hz/60Hz를 사용하고 있다.

영국은 1839년 아덴시의 주민들이 난파한 영국의 선박을 약탈하자 이를 빌미로 삼아 아덴시를 점령하였으며, 그 후 아덴시가 속해 있는 남예멘은 영국의 보호령이 되었다가 1967년까지 영국의 소유지로 남아있었다. 그리고 남예멘의 건축양식과 구조는 지역마다 다르다. 그 이유는 주로 산악지역으로 인해 그 지역에서 이용할 수 있는 건축재료에 의해서 건축양식과 구조가 달라지기 때문이다. 제일 흔하게 볼 수 있는 건축물은 진흙 벽돌로 쌓아

경사면에 있는 주택 지구(출처 : 현지 여행안내서)

올린 건물들이다. 특히 험난하고 계단식 지역인 주택 지구에는 경사면에 아슬아슬하게 걸려있는 주택들의 모습은 보는 이로 하여금 불안하게 보일 수도 있지만 수백 년 된 고택이므로 안정성을 고려한다면 이상하고 묘한 주택들이라고 표현하지 않을 수 없다. 그리고 지구촌 그 어디에서도 볼 수 없는 이상야릇한 주민들의 복장 차림은 남성들이 치마를 입고 다니고, 여성들은 바지를 입고 다닌다. 그리고 여성들은 무슬림이라도 머리에 히잡 혹은 니캅이나 부르카를 쓰지 않고 자유로운 복장 차림을 하고 다니는 것을 길거리에서 많이 볼 수 있다.

이것은 영국의 오랜 식민지 시절 덕분이라고 할 수 있다. 그리고 남성들은 아직까지도 허리띠에 단검을 차고 다니며 자랑스러운 남예멘 사람들의 모습

영농에 힘을 보태는 낙타들(출처 : 현지 여행안내서)

을 과시하고 있다.

　예로부터 이 지역은 해안가를 제외하고는 험난한 산악지역이 많으므로 주민들이 소나 양, 염소, 낙타 등을 방목하며 평화롭게 살고 있는 지역이지만 해안가를 중심으로 한 아덴지역은 아라비아 낙타 상인들이 아라비아 다른 지역에서는 향신료, 중국에서는 비단, 아프리카 지역에서는 유향, 다이아몬드, 금, 상아, 원숭이 등을 가져와 부를 축적하였다. 그리고 남여멘과 북예멘 두 나라는 1990년 양국 정상들의 합의로 (북예멘은 대통령, 남예멘은 부통령직을 수락) 통일을 이루었다. 그러나 지금은 원점으로 돌아가서 양국 관계를 형성하고 있다.

　이 모두가 한반도의 남북 관계와 다를 바가 없다. 강대국들의 소행으로 이루어진 부산물이라고 할 수 있다.

예멘(오스만과 영국)과 한국(소련과 미국)은 성격은 같다고 할 수 있지만, 모양과 위치가 다를 뿐이다.

미루어 짐작해볼 때 남북한이 통일되어도 예로부터 파벌과 권력을 좋아하는 한반도 백성들의 성격상 예멘처럼 똑같은 전철을 밟지 않는다는 보장이 없다. 그래서 만약에 통일이 된다면 국민의 노력과 통일을 대하는 올바른 자세가 필요하다고 여겨진다.

Part 3.
서아시아
Western Asia

(이라크, 레바논, 시리아, 요르단, 이스라엘, 팔레스타인, 아제르바이잔, 조지아, 아르메니아)

이라크 ^{Iraq}

이라크(Iraq)는 서아시아 중앙부에 있는 공화국이다. 국토 대부분을 차지하는 남서부의 사막 지대, 티그리스(Tigries)강과 유프라테스(Euphrates)강 유역의 메소포타미아 평원, 동북부 산악지대 등 세 지역으로 이루어져 있다.

기후는 건조하며, 여름철에는 거의 비가 내리지 않아 더위가 극심하다. 국민의 대다수가 아랍인으로 이슬람교를 믿는다. 메소포타미아 평원은 땅이 기름지고 관개농업이 발달하여 곡식을 비롯하여 목화, 담배, 깨 등이 많이 산출되며 목축업도 성하다. 그러나 석유가 개발되면서 나라의 재정은 거의 석유산업에 의존하고 있다. 시멘트, 벽돌, 식품 등의 재래식 공업 외에 최근에는 석유 수출에 힘입어 정유, 석유화학, 철강, 기계 등의 근대공업도 발전하고 있다.

이라크는 고대 메소포타미아 문명의 발상지이며, 1980년에 시작된 이란과의 전쟁은 1988년에 종전되었다.

이란과 이라크의 전쟁에 대해서 살펴보면 1980년 이라크가 이란에 대해 전쟁을 일으킴으로써 시작된 전쟁이다. 그 원인은 1975년 두 나라 사이에 맺

어진 국경협정, 곧 페르시아만으로 흘러 들어가는 샤트알 아랍 수로의 지배
권과 호르무즈 해협에 있는 세 개의 도서 지배권을 이라크가 차지한다는 협
정을 이란 측이 어긴 데 있다. 그러나 두 나라 사이에는 인종·문화·종교적
갈등과 이란 내의 아랍족과 이라크 내의 쿠르드족과 같은 소수민족의 문제
등도 간접적인 충돌의 원인이 되었다. 이라크의 티그리스강은 서아시아의 메
소포타미아 평원 동쪽을 흐르는 강으로 길이가 약 1,900km이다. 튀르키예
남동부에서 발원하여 쿠르디스탄 산지에서 흘러내리는 여러 하천을 모아 남
동쪽으로 흐르다가 바스라 상류의 쿠르나 부근에서 유프라테스강과 합류하
여 샤트알 아랍강이 된다.

옛날에는 홍수가 잦아 피해가 컸으나, 지금은 본류와 시류에 다목적 댐이

튀르키예 반호수에서 발원한 티그리스강

건설되어 홍수조절과 함께 다방면으로 이용되고 있다. 중하류유역에는 수리 시설이 잘되어 있어 쌀, 밀, 보리, 목화, 대추야자 등의 재배가 성하여 많은 농산물이 생산되고 있다. 또한 유역 일대는 옛 메소포타미아 문명의 발상지로 유적이 많이 남아있다. 유프라테스강은 서아시아에서 가장 긴 강으로 길이는 약 2,800km이고, 유역면적은 76만 5,000km²이다. 튀르키예 동부의 아라라트산에서 발원하여 서쪽으로 흐르다가 방향을 바꾸어 시리아와 이라크의 중앙부를 남동쪽으로 흘러 하류에서 티그리스강과 합류하여 샤트알 아랍강이 되어 페르시아만으로 흘러 들어간다.

티그리스강과 유프라테스강 사이의 메소포타미아 평원은 고대 메소포타미아 문명의 발상지로 쌀, 보리, 대추야자, 밀, 목화 등이 많이 생산되며, 가는

튀르키예 동부 아라라트산 고원에서 발원한 유프라테스강

메소포타미아 문명의 발상지(출처 : 현지 여행안내서)

곳마다 고대 유적지를 많이 만날 수 있다. 국토면적은 48만 3,317km²이며, 인구는 4,050만 4,600명(2023년 기준)이다. 수도는 바그다드(Baghdad) 이고, 공용어는 아랍어를 사용한다. 종교는 이슬람교 수니파 35%, 시아파 65%이며, 시차는 한국시각보다 6시간 늦다. 한국이 정오(12시)이면 이라크 는 오전 6시가 된다. 환율은 한화 1,300원이 이라크 약 1,040디나르로 통용 된다. 전압은 230V/50Hz를 사용하고 있다.

고대도시 바빌론(Babylon)은 유프라테스강이 시내 중심지로 흘러가고 있으며 지금의 수도 바그다드에서 남쪽으로 약 80km 떨어진 지점에 자리 잡고 있다. 이 도시는 BC 2400년 전부터 사람이 살기 시작한 메소포타미

이라크 남성들의 가내수공업(출처 : 현지 여행안내서)

이라크 여성들의 가정살림살이(출처 : 현지 여행안내서)

수도 바그다드의 목욕탕(출처 : 현지 여행안내서)

아 문명의 발상지이다. 그러나 고대도시가 형성된 시기는 함무라비왕(BC 1792~1750) 때 도시 다운 면모를 갖추었으며, 지금도 이곳에는 함무라비 법전 비석인 출입문이 관광객들에게 많은 사랑을 받고 있다.

수도 바그다드에서 서쪽으로 약 80km 떨어진 하바니야(Habbaniya)에는 인공적으로 이루어진 현대식 관광단지가 조성되어 있다. 이곳은 수영과 보트 외에도 골프, 승마 등을 즐길 수 있으며, 야외극장도 자리 잡고 있어 이라크 주민들이나 관광객들이 항상 여유를 즐길 수 있는 곳으로 유명하다.

그리고 사마라(Samarah)는 수도 바그다드에서 북서쪽으로 약 20km 떨어진 지점에 있으며, 이곳에는 세계 최대의 높이 40m의 나선형 계단식 아루웨야 미나렛이 우뚝 솟아 있어 누구나 이라크를 방문하는 관광객이면 반드시 거쳐 가는 필수 관광코스이다. 그리고 하트라에 있는 기원전 300~100년경 번영한 바루데이나 왕궁의 유적과 고대 하트라 유적지 등을 둘러보면 이라크를 여행한 보람을 느낄 수 있어 기대해 볼 만한 곳이기도 하다.

레바논 Lebanon

레바논(Lebanon)은 서아시아 지중해 동쪽 기슭에 자리 잡고 있는 공화국이다. 넓이가 10km 정도 되는 좁은 해안 평야 외에는 대부분이 산지로 되어 있다. 험준한 레바논산맥과 안디레바논산맥이 남북으로 뻗어 있으며, 그 사이에 비옥한 베카 고원이 있다. 해안지대는 전형적인 지중해 기후로 겨울철에도 따뜻하다. 국민은 대부분 아랍인이며 그밖에 아르메니아인, 유대인 등이 살며, 종교는 기독교와 이슬람교 신자가 반반씩을 차지한다.

레바논은 동서양을 잇는 교통상의 중심지로 예로부터 상업이 발달하였으며, 페니키아 이래 고대와 십자군 시대의 유적이 많아 과거부터 관광산업이 번성하였다. 그러나 이스라엘, 시리아 등과 이웃한 데다 종교분쟁, 팔레스타인 난민 문제 등이 얽혀서 지난 1975년 이래 내전이 끊일 사이가 없이 많았다.

중동(서아시아)의 지중해 동쪽 해안에 면하는 아랍 국가인 이 나라는 1922년 시리아에 편입되면서 프랑스의 위임통치령이 되었다가 1926년 시리아에서 분리되어 프랑스로부터 자치권을 얻었고, 1944년 1월 완전히 독립하였다.

레바논은 전쟁, 무력충돌, 테러 등 불안한 정세로 인하여 우리 정부는 레바논 전 지역을 여행경보(Travel Warning) 3단계인 '여행 제한지역'으로 지정하고 있다.

한국 정부의 레바논에 대한 Travel Warning(2007. 1. 26. ~현재)은 레바논 전 지역을 여행 제한지역으로 지정하고 있다

레바논은 각 정·종파 간 권력 분점 형태인 트로이카 정치 체제이며, 대통령은 기독교 마로나이트, 총리는 이슬람 수니파, 국회의장은 회교 시아파만 할 수 있도록 규정하고 있다. 정부조직 등에도 정·종파 간 분배를 통한 균형 유지를 수립, 불안한 정치적 동거를 하고 있는 실정이다.

레바논은 신용카드(Credit Card) 사용이 일반화되어 있지 않으며 대부분 달러와 현지화(LBP-레바논 파운드)가 동시에 통용된다. 외국인이 택시를 이용하거나 쇼핑을 하면서 달러를 사용할 경우 거스름돈을 현지화로 돌려주면서 계산을 틀리게 하는 경우가 있으므로 현장에서 확인이 필요하다. 미화 1달러는 LBP 1,500 고정환율이며 은행, 환전소, 호텔 등에서 환전할 수 있다. 호텔 숙박료를 달러로 지불할 경우 현지화 비율은 더 낮게 산정됨을 참고해야 한다.

수돗물은 식수로 접합지 않으므로 식수는 별도 구입해야 하고, 과일이나 채소는 잘 씻어 먹는 것이 좋다.

레바논 정부군이나 헤즈볼라 등은 군사시설 인근 지역에서 사진 촬영을 하

지 않도록 하며, 조사를 받게 될 경우 의사소통을 비롯하여 문제가 발생할 여지가 있다고 판단되면 대사관으로 연락하여 도움을 요청함이 바람직하다.

현지관습을 열거하면 일반적인 생활관습은 종파 간 종교관습을 제외하고는 유사하나, 기독교 계통은 개방적이고, 회교 계통은 보수적인 성향을 띈다. 아랍권 국가 중에서는 종교 및 언론의 자유가 가장 잘 보장되어 있다. 옷차림에 대하여도 종교관습에 의한 차이는 있으나 일반 사회적인 특별한 규제는 없다.

레바논은 근본적으로 각 종파에 따른 정파가 이루어져 있고 정파, 종파 간 갈등이 상존하므로 종교에 관하여 민감한 질문이나 대화를 하지 않는 것이 좋다.

또한 군부대 사진 촬영은 금지되어 있으며 헤즈볼라와 관련 시설을 촬영할 경우 예기치 못한 봉변을 당할 수 있음을 각별히 유의해야 한다. 그리고 평상시 사회치안은 양호한 편이나, 야간에 단독외출 등은 삼가는 것이 좋다.

국토면적은 10,400km²이며, 수도는 베이루트(Beirut)이다. 인구는 약 535만 3,000명(2023년 기준)이고, 종족구성은 아랍인(95%), 아르메니아인(4%)으로 구성된다.

공용어는 아랍어, 프랑스어, 영어, 아르메니아어 등을 사용하며, 종교는 이슬람(54%), 기독교(40.5%), 기타(5%) 순이다. 환율은 한화 1만 원이 레바논 1,200파운드 정도로 통용된다.

시차는 한국시각보다 7시간 늦다. 한국이 정오(12시)이면 레바논은 오전 5시가 된다. 전압은 220V/50Hz를 사용하고 있다.

시돈항 십자군 성채

사도 바울이 묵었던 교회

기둥만 남아 있는 성터

대중목욕탕 자리

마차 경기장

십자군 시대의 교회 유적

국가적으로 잊을 수 없는 레바논 사태는 신생 독립국인 레바논이 독립 이후 겪고 있는 종교적 내전으로 인한 국내외적인 사태이다.

1944년 레바논이 독립국이 되면서 헌법에 기독교와 이슬람교도의 사이에 국가 권력의 비율을 6:4로 규정하였으나, 실제로는 그 반대 현상이었다. 그것이 바로 종교적 내전 및 레바논 사태의 불씨가 되었다. 그 후 미국을 비롯한 다국적 평화유지군이 파견되어서 사태 수습에 나서기도 하였다. 그러나 아직도 이스라엘, 시리아 등의 나라가 관련되어 있어 국제정세가 복잡 미묘하게 전개되어가고 있다. 다만 레바논 사태에 관련되었던 피엘 오(PLO, 팔레스타인해방기구)가 베이루트에 있던 본부와 함께 무장조직도 레바논에서 철수하여 그나마 안정에 이르고 있다.

제이타 석회동굴

레바논은 국토면적이 우리나라 경기도 면적과 비슷하지만 지중해를 품 안에 안고 있어 전국에 유적지가 다양하게 널려 있다. 특히 지중해 연안의 시돈 항에는 십자군 성채와 사도 바울이 묵었던 집과 교회 등이 있으며, 티레항구에는 로마 시대의 유적으로 십자군 당시의 유적지가 많이 산재해 있다. 기둥만 남은 성터와 모자이크 거리, 기둥으로 된 열주만 남은 대중목욕탕 등이 그 옛날 주민들의 삶을 상상해 볼 수 있게 한다. 그리고 사각형으로 된 마차경기장과 십자군 시대의 교회 유적 등은 세월을 이기지 못해 흔적만 남아있다. 그리고 중동 최대의 석굴인 제이타 석회동굴은 미니 기차를 타고 입장을 하며, 석회동굴 내부에는 작은 호수가 있어 보트 관광도 할 수 있다. 그러나 동굴 내에서는 사진 촬영을 금지하고 있다.

미니 기차

레바논을 상징하는 이 석회동굴은 석회암 동굴에서 흘러나오는 물을 수도 베이루트의 식수원으로 사용하기 때문에 레바논에서는 없어서는 안 되는 중요한 문화유산이자 생명줄이기도 하다.

동굴 하단 입구에 있는 시간의 수호자상은 높이가 6.6m, 무게가 6.5톤이다.

바알렉신전의 유적지는 주피터신전과 바카스신전 그리고 비너스신전 등으로 이루어져 있다. 바알신을 숭배하고 제물을 올리던 자리에는 주피터신전이 들어서 있고, 현재 남아있는 신전 중에서 가장 큰 규모를 자랑하고 있다. 주피터신전의 건물 크기는 전면이 48m, 측면이 88m로 그리스의 파르테논신전보다 크기가 크다. 2세기경에 세워진 주피터신전에는 22m 높이의 대형 돌기둥 6개가 나란히 서 있으며 당시의 웅장함을 과시하고 있다. 원래는 54개였으나 시간과 무게에 흔들리고 지진에 의해 넘어

주피터신전

져 버려 현재는 6개만 남아있다고 한다.

주피터신전 바로 옆에 있는 바카스신전은 규모가 작아서 그러한 듯 원형 그대로의 모습으로 남아있다. 바카스신전 건너편에는 비너스신전이 있는데 주피터신전과 바카스신전에 비하면 보존상태가 너무나 열악하다. 그래서 텅텅 비어있는 자리에는 기초와 주춧돌만이 남아 관광객들을 맞이하고 있다.

시리아 Syria

시리아(Syria)는 서아시아에 있는 공화국이며, 서쪽으로는 레바논과 이스라엘 국경에 안티레바논산맥과 골란 고원이 있다. 국토는 대부분이 고원, 산악지역, 사막으로 이루어져 있다. 기후는 시부 해안지내가 지중해성 기후이고 내륙으로 갈수록 건조한 대륙성 기후를 나타낸다. 국민은 대부분이 아랍인이며 이슬람교를 믿는다. 산업은 밀과 목화를 중심으로 한 농업과 목축업이 주산업을 이루고 있으며 유프라테스댐을 비롯하여 관계 시설에 집중적으로 투자하고 있다. 최근에는 석유나 인광석 등 광물자원의 개발과 함께 공업화에 힘써 식품 가공, 직물, 전자, 철강, 자동차, 피혁공업도 개발되고 있다.

1946년 프랑스의 위임 통치로부터 독립한 시리아는 1958년 이집트와 합병하여 아랍연합공화국이 되었으나 이집트 우위 정책에 반발하여 3년 만에 분리 독립하였다. 특히 이 나라는 아랍세계에서 강경노선을 취하고 있는 나라로서 여러 해 동안 이스라엘과 전쟁 상태에 놓여있었다.

시리아는 소아시아의 튀르키예와 접하며 메소포타미아평야의 유프라테스강 상류에 위치한 서아시아 국가이다. 1920년 고도 다마스쿠스에서 아랍 왕국으로 독립을 선언하였으나 프랑스의 지배로 좌절되었다. 제2차 세계대전 중인 1941년 9월에 다시 독립을 선언하였고, 전쟁 후 1945년 UN에 가입하면서 독립이 인정되었으며, 1946년 4월 완전한 독립이 이루어졌다.

시리아는 테러 발생 가능성, 시위나 폭력사태 등 예측할 수 없는 안전위험 요인 등으로 인하여 우리 정부에서 여행경보 1단계인 '여행 유의 국가'로 지정하고 있다.

시리아 사회 일반 범죄율은 비교적 낮은 편이다. 하지만 소매치기, 날치기, 신용카드 사고 등이 종종 발생하고 있으므로 조심해야 한다.

현지관습에 의하면 시리아인들의 의복을 비롯한 일반적인 행동 양식은 보수적이므로 그들을 자극하지 않도록 주의하여야 한다. 이슬람 금식기인 라마단 기간 중에는 일출과 일몰 사이에 이슬람 종교인들은 금식하고 담배도 피우지 않는다.

시리아 법률에 따르면 항상 신분증을 소지하게 되어 있으며 군사시설, 정부 기관, 기타 민감한 시설에는 촬영이 금지되어 있다. 이슬람 종교행사를 제외한 여타 종교행사나 집회는 현지 관례를 존중하고 이에 따라야 하며 가급적이면 여타 종교행사나 집회는 삼가야만 여행에 지장이 없다.

그리고 팔미라는 여러 문명이 교차하는 고대의 중요한 문화 중심지 가운데 한 곳이다. 그러나 이 도시는 11세기에 역사에서 사라졌고 18세기 이후에 조사를 통해 모습을 드러냈다. 1980년 유네스코는 세계문화유산에 등록하였다. 원래는 '타드모드'라는 지명으로 등장하였으나 그리스어로 야자나무 마

로마 셉티미우스 세베루스 황제 개선문

을로 번역하면서 '팔미라'로 불리게
되었다.

현재 남아있는 유적들은 대부분
로마 지배 시대의 것들이다.

팔미라 입구 역할을 하는 아치형
석조 문은 로마의 셉티미우스 세
베루스 황제가 세운 것이고, 이 문
을 통과하면 1km가 넘는 주도로
가 이어지며 길 양옆으로는 높이
9.5m의 대형 열주가 늘어서 있다.

팔미라 아고라 대열주

팔미라 벨신전(출처 : 현지 여행안내서)

팔미라 지하무덤

주도로와 이어지는 교차로에는 보조 기둥이 세워져 있으며 팔미라의 대표적 유적인 벨신전을 비롯하여 디오클레티아누스의 주둔지, 아그라극장, 공중목욕탕, 신전 등의 공공 건축물들이 연결되어 있다.

팔미라 아파트 묘지

건축물 가운데는 벨신전과 극장만이 원형을 보존하고 있고 나머지는 터만 남아있다. 또 성벽 밖에는 로마의 수로와 공동묘지 유적이 광활한 벌판에 펼쳐져 있는데, 묘지 유적은 고층 탑 모양(안에 들어가면 나선형 계단으로 이루어져 있다)의 묘지와 주택 모양의 묘지, 지하 분묘 등으로 다양한 형태의 무덤을 볼 수 있다.

묘지에서는 그리스 신화 승리의 여신, 니케의 조각상과 시티로스의 얼굴이 새겨진 비문과 각종 부장품이 출토되어 팔미라박물관과 다마스쿠스 국립박물관에 각각 소장되어 있다.

또한 이 유적에서 중국 한나라 시대의 비단이 발견되기도 하였는데 이는 기원 전후의 시기에 동방의 중국과 지중해 동쪽 해안지역 간에 비단 교역이 이루어졌음을 미루어 짐작할 수 있다.

안아니아 집사가 사도 바울에게 세례하는 동상(출처 :
현지 여행안내서)

안아니아교회(출처 : 현지 여행안내서)

국토면적은 18만 5,180km²이
며, 수도는 다마스쿠스(Damas-
cus)이다.

인구는 2,322만 7,000명(2023
년 기준)이고, 종족구성은 아랍인
(90%), 쿠르드족(5%), 아르메니
아인(4%)으로 구성되어 있다. 종
교는 이슬람교 수니파(74%), 이슬
람 종파(16%), 기독교(10%) 순이
다. 공용어는 아랍어를 사용하며,
시차는 한국시각보다 6시간 늦다.
한국이 정오(12시)이면 시리아는
오전 6시가 된다. 환율은 한화 1만
원이 시리아 약 800파운드로 통용
된다. 전압은 220V/50Hz를 사용
하고 있다.

시리아에서 빼놓을 수 없는 시리
아 사막 지역은 아라비아반도 북쪽
네푸드사막으로 이어지는 사막으
로 시리아, 이라크, 요르단, 사우
디아라비아에 걸쳐져 있으며, 유목

팔미라 로마 시대 극장

팔미라 로마 시대 성벽

팔미라 로마 시대 유적지(출처 : 현지 여행안내서)

실크로드 사막의 오아시스 마을

실크로드 사막을 탐방하는 여행객들(출처 : 현지 여행안내서)

지대로서 아라비아 가축 말의 생산지로 유명하다. 특히 이라크와 사우디아라비아의 유전으로부터 지중해 연안에 이르는 송유관이 설치되어 있고 사막 횡단도로도 개설되어 있다. 고대도시 팔미라 유적지는 이 나라에서 최고의 관광명소로 손꼽힌다. 팔미라는 시리아 사막에 있는 고대도시 유적지로 시리아의 수도 다마스쿠스에서 북동쪽으로 약 215km 떨어진 거리에 있으며 행정구역상으로는 홈스주에 속한다.

시리아 중앙에 위치하고 오아시스가 형성된 이 지역은 사막을 통행하는 대상(隊商)들의 행렬이 끊이지 않아 오리엔트 지역과 지중해 지역을 잇는 중계무역지의 역할을 하였다고 한다.

요르단 Jordan

요르단(Jordan)은 서아시아의 아라비아반도 북서부에 있는 입헌군주국이
며 국토면적의 80%가 사막 또는 반사막이다. 북쪽 갈릴리호수에서 남으로
흘러 사해로 들어가는 요르단강 유역은 너비 20km 안팎의 낮은 지구대를
이루고 있다.

사해는 수면 높이가 마이너스 396m로 세계에서 가장 낮은 지대이며, 기후
는 요르단강을 경계로 서쪽은 지중해성 기후, 동쪽은 건조사막 기후를 나타
낸다.

국민은 대부분이 아랍인으로 이슬람교를 믿는다. 농업과 목축업을 주산업
으로 하며 요르단강 유역에서는 밀, 채소, 포도 등을 생산하지만, 쌀은 수입
해서 사용하고 있다. 별다른 지하자원이 없어 공업에 관해서는 발전이 부족
하며 이웃 나라보다 많이 뒤처져 있다. 다행히 인광석이 풍부하여 수출에 큰
몫을 차지하고 있다.

요르단은 제1차 세계대전 후 영국의 위임 통치를 받았고, 여러 차례 협정
을 거듭하면서 단계적으로 자치권을 확대하였고, 1945년 아랍연맹에 가맹하

였다. 1946년 5월 25일 트란스요르단 하심왕국으로 독립하였다.

요르단은 1946년 독립 이래 이스라엘과 두 차례 전쟁(1967년 6일 전쟁, 1973년 제4차 중동전쟁)을 겪었으나, 1994년 요르단–이스라엘 평화 협정을 체결함으로써 중동지역에서 가장 안정된 정치 체제를 구축하고 있다.

이슬람국가로서 경건한 생활습관과 여성에 대한 보호 의식 등을 갖고 있기 때문에 음주사고, 여성에 대한 성범죄 등이 거의 발생하지 않는다.

외국인에게 상당히 친절한 편이며, 종교적인 언행으로 인한 마찰을 일으키지 않는다면 신변위협은 크지 않은 편이다.

2005년 이후 현재까지 정치적 목적을 제외한 형사상 범죄로 살인, 강도,

이슬람여성 노점상인(출처 : 현지 여행안내서)

납치 등 외국인을 상대로 한 사고는 발생한 적이 없다.

현지관습으로는 관공서, 식당, 상점 등에서 일 처리가 한국인에 비해 매우 느리지만, 최근에 상당히 개선되어 가고 있으며, 특히 외국인에 대해서는 자국인보다 신속하게 처리해 주는 경향을 엿볼 수 있다. 다만 업무처리 중에도 전화가 오면 비록 사적인 전화라도 통화가 종료될 때까지 업무를 중단하고 통화를 하기 때문에 외국인으로서는 당황스러울 수가 있다.

질서의식이 희박하여 새치기가 빈발하지만, 현지인들은 별로 개의치 않는 바, 지나친 과민반응은 자제하는 것이 바람직하다. 다만 라마단(聖月)에는 금식으로 인하여 신경이 예민해져 작은 일에도 민감한 반응을 보이는 경우가 있으므로 주의를 요한다.

이슬람 국가의 교리상 돈이나 물건을 건넬 때 반드시 오른손을 사용하도록 하고 있지만, 외국인에 대해서는 상당히 관대하다.

그러나 현지인의 종교관습을 존중하며 오른손을 사용하는 것이 상대방에게 호감을 줄 수 있다. 여성에 대한 무단 사진 촬영은 뜻밖의 사태를 초래할 수 있으므로 사전에 허락을 받아야 한다. 요르단의 미혼여성들은 상당히 개방적이어서 양해를 구하면 함께 사진을 찍을 수도 있다.

정치는 입헌군주제를 채택하고 있으며, 국토면적은 89,342km²이다. 인구는 1,132만 6,000명(2023년 기준)이고, 종족구성은 아랍인(98%), 체르케스인(1%), 아르메니아인(1%)으로 구성되며, 공용어는 아랍어를 사용한다.

종교는 이슬람교 수니파(92%), 기독교(6%) 등이며, 수도는 암만(Amman)이다. 시차는 한국시각보다 6시간 늦다. 한국이 정오(12시)이면 요르단

제라쉬 로마유적(출처 : 현지 여행안내서)

제라쉬 로마유적(출처 : 현지 여행안내서)

제라쉬 로마유적(출처 : 현지 여행안내서)

안만성에서 바라본 임만 시가지와 극장(출처 : 현지 여행안내서)

제라쉬 로마유적(남쪽 극장) (출처 : 현지 여행안내서)

천연 요새지 카락성(출처 : 현지 여행안내서)

요르단의 캐넌, 아르논 골짜기(출처 : 현지 여행안내서)

페트라 국립공원 관리자(출처 : 현지 여행안내서)

원형 극장(출처 : 현지 여행안내서)

영국 영화 '아라비아 로렌스' 촬영지(와이덤)

아라비아 로렌스가 머물다간 자리(출처 : 현지 여행안내서)

은 오전 6시가 된다.

환율은 한화 1만 원이 요르단 약 5.4디나르로 통용된다. 전압은 230V /50Hz를 사용하고 있다.

로마 시대 최대의 유적지 제라쉬(Jerash)는 요르단 북부의 유서 깊은 도시이자 제라쉬의 주도이다. 수도 암만에서 30km 떨어져 있고 인구는 현재 약 5만 명이 거주하고 있다.

요르단의 대표적인 관광지로서 완전한 로마 유적 덕분에 동방의 폼페이와 1천 개 기둥의 도시라는 별명을 가지고 있다.

제라쉬는 헬레니즘-로마 제국 시대에 도시가 건립되었으며 749년 지진으로 파괴될 때까지 번영하였다. 지금도 수많은 관광객이 방문하고 있으며 1981년 당시 왕비 누르알 후세인의 기획으로 시작된 제라쉬 페스티벌이 열려 2016년의 경우 10만 명의 인파를 끌어모았다.

요르단의 유적을 대표하는 페트라에 있는 알카즈네는 페트라의 유적 중 최고로 인상적이고 웅장한

페트라의 알카즈네(출처 : 현지 여행안내서)

시크길(협곡) (출처 : 현지 여행안내서)

왕실 가족 묘지(출처 : 현지 여행안내서)

왕실 가족 묘지(출처 : 현지 여행안내서)

정부 요인들의 묘지(출처 : 현지 여행안내서)

정부 요인들의 묘지(출처 : 현지 여행안내서)

공동묘지(출처 : 현지 여행안내서)

주민들의 묘지(출처 : 현지 여행안내서)

2층 건물이다. 전면에 25m 높이의 고린도식 기둥 6개가 정면을 받치고 서 있는데 그리스식 건축양식의 건물로 기원전 1세기경 나바테안 왕의 무덤으로 만들어졌다는 전설이 전해오고 있다. 카즈네란 베두인의 말로 '보물'이라는 뜻인데 건물 꼭대기에 항아리 모양의 단지가 조각되어 있다. 특히 이곳에는 셀 수 없을 만큼 수많은 보물이 숨겨져 있을 것이라는 전설로 인해 지금은 '보물 창고'라고 불리고 있다.

건물 외관의 너비는 30m이고, 높이는 43m에 달한다. 1 · 2층 정면에는 나바테안의 신들이 조각되어 있는데 암벽을 파고 다듬어 만든 건축물로 매우 견고하게 지어졌다는 평가를 받고 있다. 외부는 웅장하고 우아하지만, 반대로 내부 1층은 아담하고 소박하며 네모난 작은 공간만이 관광객들을 맞이한다.

지금은 내부 입장이 불가하여 전설 따라 삼천리 같은 현지 가이드의 설명에 귀를 기울이고 기념촬영으로 만족을 해야 한다. 그리고 이 신비하고 웅장한 시크길(골짜기, 협곡)을 따라가면 왕과 왕의 가족들이 안치된 무덤이 나오고 그 옛날 인간 사회를 엿볼 수 있는 마을과 무덤 등이 지역마다 모양이 다르게 도시 전체를 이루고 있다.

이 모두가 암벽을 파고 다듬어 만든 동굴로 이루어져 있다. 마지막에는 통째로 된 바위를 깎아 만든 원형극장이 나온다. 그리고 페트라는 세계문화유산인 동시에 중국의 만리장성, 이집트의 피라미드, 멕시코의 치첸이트사, 인도의 타지마할, 캄보디아의 앙코르와트, 로마의 콜로세움과 더불어 세계 7대 불가사의라고 자칭 명칭을 부여하고, 요르단 여행을 마치고 다음 여행지인 이스라엘로 이동했다.

이스라엘 Israel

이스라엘(Israel)은 서아시아의 지중해 연안에 있는 공화국이다. 국토의 남쪽 반은 건조지대로 네게브사막이 펼쳐져 있고, 북부와 좁은 해안 평야는 지중해성 기후이다. 동쪽의 요르단강 유역은 해수면보다 낮은 지구대로 여름에는 덥고, 겨울에는 건조하다. 국민은 유대인이 90%이고, 나머지는 아랍인으로 각자 유대교와 이슬람교를 믿는다. 관계시설이 잘되어 있어 경작지율이 높으며 세계적인 농업 모범 국가이다.

곡식, 채소, 과수 재배와 낙농 및 양계 등이 성하며 채소와 과일은 주요 수출품이다. 네게브사막의 각종 지하자원을 바탕으로 공업도 왕성하고 화학제품, 기계, 금속제품 등을 수출하며, 특히 다이아몬드가공이 유명하다. 이스라엘은 2,000년 동안 나라를 잃고 떠돌던 민족으로 제2차 세계대전 후 1948년 연합군의 도움으로 이곳에 독립국을 세웠으나 주변의 아랍국가들이 이를 인정하지 않아 중동분쟁의 불씨가 되고 있다. 집필하고 있는 이 순간에도 이스라엘은 팔레스타인의 하마스 군대와 치열한 국지 전쟁을 하고 있다.

제2차 세계대전 후 팔레스타인에 아랍·유대의 개별국가를 각각 건설한다는 UN의 결정에 따라 1948년 지중해 동남쪽 연안과 아라비아반도 서북쪽 일대에 이스라엘이라는 국명으로 건국되었다. 원래 기원전 수천 년 동안 유대민족에 의하여 왕국의 건설과 통일 및 분열이 계속되었으나 BC 1세기경 로마의 속주(屬州)로 편입된 후 멸망하여 세계각지로 흩어져 오랫동안 살게 되었다.

이스라엘은 테러 대책의 하나로 관공서, 공항, 호텔, 식당, 매점, 사무용 빌딩 등 많은 사람이 이용하는 건물에는 거의 예외 없이 보안요원을 상주시키고 있고, 유사시 독자적인 응사권이 인정되는 군인들이 총기와 실탄을 갖고 종종 거리를 왕래하기 때문에 강력범죄는 적은 편이다.

그러나 빈집털이(호텔 객실 포함), 소매치기, 날치기, 들치기(남이 놓아둔 물건을 슬쩍 훔쳐 가는 행위) 등의 절도범죄는 종종 발생하므로 주의할 필요가 있다. 특히 여행객을 대상으로 한 지갑, 가방 소매치기가 잦다는 점을 유념할 필요가 있다.

유대교 전통주의자들이 거주하는 주택가에서는 긴 팔 셔츠, 긴 바지, 긴 치마 등 보수적이고 단정한 복장을 하지 않았을 경우, 심하면 돌팔매질까지 당하는 수가 있다. 또한 이 지역에서는 샤바트(금요일 일몰에서 토요일 일몰까지)나 일부 유대교 명절(욤키푸르 등) 기간에 자동차를 운전하는 것도 금기시되어 있다.

이스라엘은 유대교 안식일 샤바트를 따르므로 공공기관과 상점 등은 금요일(오전 또는 전일)과 토요일이 휴무일이고, 일요일은 평일이다.

일상적으로 서구의 태양력도 사용하나, 공식적으로는 유대교 태음력을 기준으로 삼는다. 이에 맞춘 이스라엘 공휴일은 태양력상 매년 날짜가 바뀌므로 주의해야 한다.

예루살렘을 중심으로 기독교, 유대교, 회교의 성지 및 사원이 많은데, 이들 장소를 방문할 때에는 단정한 복장을 하는 것이 무난하며, 경건한 분위기와 정숙을 유지해야 한다.

유대교 성지인 예루살렘의 '통곡의 벽'을 방문할 때에는 남자와 여자가 방문하는 구역이 구별되어 있다. 남자의 경우, 통곡의 벽에 다가설 때는 유대교 특유의 모자인 키파(Kippa)를 써야 하는데, 키파가 없는 경우에는 근처에 있는 종이로 만든 임시용 키파를 빌려주는 곳이 있으므로 이를 활용하면 된다. 통곡의 벽 방문을 마치고 떠날 때는 5m 정도의 벽을 바라보면서 뒷걸음질로 빠져나가야 한다.

유대교는 기원전 6세기 말에 이루어진 유대인의 종교이다. '유태교'라고도 한다. 넓은 뜻으로는 유대인이 믿는 종교 전체를 말한다. 유대교는 여호와를 만물의 창조주로 하는 유일신교(唯一神敎)이며 모세가 보인 율법을 생활의 규범으로 삼는다

성전은《구약성서》외에 율법 교훈 관습을 모은《탈무드》가 있다.

그들은 신에게 선택된 백성이라고 하며, 메시아는 유대 민족 중에서 태어나 세계를 다스리고 지상에서 신의 나라를 이룩한다고 믿었다. 크리스트교의 배경에는 유대교가 있고, 그 영향은 크리스트교의 곳곳에서 찾아볼 수 있다. 유대인은 이스라엘 국민을 유대인이라고도 한다. 셈족 계통의 헤브라이인으로 헤브라이 왕국, 이스라엘 왕국, 유대 왕국을 이룩한 민족이다. 로마제국

의 지배하에 그들의 본고장인 팔레스타인 지방에서 쫓겨나 전 세계로 흩어졌었다. 그들은 유대교의 선민의식으로써 민족혼을 유지하여 각국의 민족적인 증오와 박해의 대상이 되었다.

제1차 세계대전 후 그들의 고향인 팔레스타인 지방에 돌아오기 시작하여 제2차 세계대전 후 이곳에 이스라엘 국가를 세운 민족이다.

국토면적은 20,770km²이며, 수도는 예루살렘(이스라엘 헌법상)이다. 인구는 417만 4,520명(2023년 기준)이고, 종족구성은 유대인(80.1%), 비유대인(19.9%)으로 구성되어 있다.

공용어는 히브리어와 아랍어를 사용하며, 종교는 유대교(76.50%), 이슬람교(17.6%), 기독교(2%) 순이다. 환율은 한화 1만 원이 이스라엘 약 30신세켈로 통용된다. 시차는 한국시각보다 7시간 늦다. 한국이 정오(12시)이면 이스라엘은 오전 5시가 된다. 전압은 220V/50Hz를 사용 하고 있다.

유대인의 고대 왕국인 유대 왕국은 헤브라이인(유대인)이 세운 왕국이다. '유다 왕국'이라고도 한다. 헤브라이인은 기원전 1300년경에 팔레스타인의 가나안 지방에 정착해서 헤브라이 왕국을 세웠다. 이들은 주로 상업 활동에 종사하였고, 기원전 10세기경인 다비드 왕과 솔로몬 왕 때 수도 예루살렘을 중심으로 번영을 누렸다. 그러나 솔로몬왕이 죽자 부족 간에 분쟁이 일어나 유대 왕국과 이스라엘 왕국으로 분열되었다. 기원전 930년 유대 왕국은 팔레스타인 남부를 차지하고 약 350여 년간 나라를 유지하다가 기원전 586년 신바빌로니아에 멸망하여 역사 속으로 사라졌다.

종교를 떠나 현재 이스라엘과 팔레스타인 하마스 군대가 치열하게 국지전을 하고 있는 이유는 다음과 같다.

기원전 13세기경 이스라엘의 종교와 민족의 지도자 영웅 모세(Moses)가 이집트에서 압박을 당하고 있던 이스라엘 민족을 이끌고 탈출하여 시나이산을 거쳐 가나안 땅에 이르러 실효 지배 지역으로 안주하고 정착촌을 구성해서 자손 대대로 살아왔다.

세월이 흘러 AD 73년 로마 장군 티투스가 예루살렘을 함락한 후 성전산 서쪽에 있는 450m의 벽 제2의 성전을 허물어 버리고 벽 하나만 남겨두고 유대인들을 이 땅에서 모두 다 쫓아냈다. 그래서 유대인들은 너무나 슬퍼서 하나 남은 이 벽을 어루만지며 통곡을 하고 세계각지로 뿔뿔이 흩어져 사라졌다. 그래서 이름하여 '통곡의 벽'이라고 한다. 그리고 세월이 흘러 세계 1차 세계대전 이후 유대인들은 세계각지에서 하나둘 모여들기 시작하였고 2차 세계대전 후에는 연합군이 승리하여 연합군의 승인하에 이스라엘이라는 국가를 이 땅에 건설하게 되었다.

이로 인하여 팔레스타인과 이스라엘인들은 서로가 수많은 세월을 살아온 조상들의 땅이기에 서로가 자기들의 땅이라고 주장할 수밖에 없다. 그리고 상대방 국가를 정식 국가로 인정하지도 않는다. 그리고 팔레스타인은 주위의 아랍국가들과 합세하여 더욱더 위험수위가 높아지고 있다. 여기에 이스라엘 뒤에는 세계 최강국인 미국이 뜻을 같이하고 있고 세계정세와 종교적이고 민족적인 문제가 실타래처럼 엮여있어 특별한 대책이 없는 한 분쟁의 씨앗은 영원히 사라질 수가 없다. 그로 인하여 지구촌에서 출입국 시에 검문검색이 제일 까다로운 국가는 이스라엘이다. 출입국 시 명심해야 할 것은 이스라엘

입국 심사를 통과할 때 여권에 이스라엘 스탬프를 찍으면 주변에 있는 아랍 국가들을 모두 다 여행할 수가 없다. 그래서 백지에 스탬프를 찍으라고 요구해서 출국 후에는 찢어버려야 한다. 그래야 시리아, 요르단, 레바논 등을 여행할 수 있다.

　오늘은 조식 후 요르단 국경을 넘어 이스라엘(알렌비) 국경을 통과하여 셔틀버스를 타고 비극적인 역사의 유적이 있는 마사다(Masada)로 이동했다.

　사해 근처에 우뚝 솟아 있는 마사다는 헤롯 대제에 의하여 요새화된 요새 중의 요새이다. 로마에 대한 항전에 참여했던 유대인 애국자들 중 일부 생존자들이 이곳에서 마지막 투쟁을 벌인 곳이다. 로마군은 엘레아잘 벤야힐 휘

마사다(출처 : 현지 여행안내서)

사해(출처 : 현지 여행안내서)

하의 열성 당원들을 3년 동안이나 포위하였다. 더 이상 저항할 수 없음을 깨달은 이들 967명은 노예가 되기보다는 차라리 자유인으로 죽겠다며 모두가 자살하고 만다.

근래에 와서 이갈 야딘 교수가 이끈 발굴 조사단에 의해 요새지의 저장실, 우물, 목욕탕, 궁전 욕실 등의 잔해가 발견되었다고 한다.

그리고 바로 사해로 이동했다. 예루살렘에서 유대산맥을 거쳐 사해로 내려가는 길은 완전히 다른 지형을 통과하는 것 같다. 30분이 채 안 되는 시간에 우리 일행들은 해수면 약 400m 아래에 있는 지구상의 가장 낮은 지점에 도착하였다.

여행자들은 이곳 사해에서 몸을 담그고 몸이 물에 뜨는 체험을 하는 동시

사해에서 물에 뜨는 체험(출처 : 현지 여행안내서)

에 진흙팩을 온몸에 바르고 일광욕
을 즐기는 것으로 하루 일정을 소
화했다. 그리고 여기에서 언급하고
싶은 것은 팔레스타인이 살고 있는
곳에도 성서에 관련된 유적들이 많
다. 그러나 나사렛 마을 그리고 예
루살렘이나 베들레헴 등은 현재는
이스라엘이 많은 영토를 차지하고
있고 이스라엘이 통제하고 있기에
이스라엘 편에서 집필하기로 했다.

머드팩을 바른 여행자들(출처 : 현지 여행안내서)

오늘이 2010년 1월 25일이다. 오늘은 성서에 관련된 지역을 두루 살펴보고 마지막으로 예수님께서 고난을 받으셨던 십자가의 길 (골고다언덕 등)을 처음부터 끝까지 2,000여 년 전의 예수님과 똑같은 고행길을 십자가를 올려 메고 체험해 보기로 현지 가이드와 약속하였다. 그리고 우리는 조식 후 제일 먼저 가까운 나사렛 마을로 이동했다.

나사렛 마을(출처 : 현지 여행안내서)

나사렛은 남부 갈릴리의 한 골짜기에 있다.

요셉과 그의 아내인 마리아가 여기서 살아왔고 예수께서 어린 시절을 이곳에서 보낸 곳이다. 나사렛이란 동네에 와서 사니 이는 선지자로 하신 말씀에 나사렛 사람이다(마 2:23). 추후 1세기 나사렛에는 유대인만이 살았었으나 로마제국의 흥왕과 더불어 기독교 인구가 증가하였다.

예수님과 마리아와 관련된 장소에 교회를 세우기 시작한 것은 4세기 이후의 일이다. 오늘날 나사렛에는 기독교인, 회교도인, 유대인이 섞여 살고 있다. 기독교는 각종 정교회, 로마가톨릭, 희랍가톨릭, 영국성공회 및 개신교의 다양한 교파로 나뉜다. 나사렛에는 각종 교회와 수도원 및 수녀원 그리고

성모수태고지교회(출처 : 현지 여행안내서)

종교 단체, 소속 병원, 여관, 학교 등이 많이 있다. 그중에 현재의 성모수태고지교회는 이탈리아의 건축가 지오바니 무치오가 설계한 것으로 1969년에 완공되었다. 이것은 천사 가브리엘이 마리아에게 나타나 수태를 예고한 자리에 다섯 번째로 세워진 교회이다.

첫 번째 교회의 잔해는 1955년 시작된 발굴에 의하여 발견되었다. 두 번째 교회는 비잔틴 시대에, 세 번째 교회는 12세기 초엽에, 네 번째 교회는 1877년에 세워졌다. 예수 탄생지는 작은 겸손의 문을 통하여 들어갈 수 있다(과거 베들레헴 마구간). 필자는 필연적으로 이곳을 방문하기 위해 새벽부터 007작전을 방불케 하며 현지 가이드와 지하 통로를 이용해서 간신히 도착할 수 있었다. 이렇게 하지 않으면 지구촌 세계 여러 나라에서 너무나 많은 사람이 정문으로, 담 너머로, 지붕 위로, 남의 창문을 통하여 몰려오기에 여기까지 와서도 직접 방문하는 것은 보기 드문 일이라고 한다. 그래서 허리를 굽히고 실제로 조그마한 동굴에 들어가듯이 살며시 들어가 예수 탄생의 장소를 쳐다보고, 만져보고, 쓰다듬어 보고, 촬영도 하고 난 후, 2명도 채 들어가지 못하는 탄생장소를 뒤로하고 발길을 돌렸다. 원래는 문이 큼직했다

지하 수태고지 성화(출처 : 현지 여행안내서)

예수님 탄생지(출처 : 현지 여행안내서)

고 한다. 17세기에 그 크기를 줄였기 때문에 이슬람인들이 말을 타고 들어갈 수 없게 된 것이다. 그 안의 치장은 매우 엄청나다. 가장 위대한 종교·역사적 중요성을 가지고 있는 것은 예수 탄생 동굴에 남아있다. 대리석으로 장식된 이 조그마한 방에 예수 탄생의 제단 그리고 다른 기독교 집단들을 나타내는 15개의 은 램프가 비추는 바닥에 한 개의 은으로 된 별은 예수 탄생의 장소를 나타낸다.

우유동굴성당은 이름에서도 나타나듯이 마리아가 예수에게 젖을 먹이던 성당이다. 예수탄생교회에서 얼마 떨어지지 않는 곳의 하얀 동굴 위에 세워진 이 교회는 헤롯이 예수를 찾아 죽이려 하자 주의 사자 말을 쫓아 요셉과 마리아는 예수를 애굽으로 피신시켰다. 애굽으로 가기 전 이곳에 잠시 머물렀다고 한다.

시온산 위에 있는 마리아교회는 마리아가 영원히 잠든 것을 기념하기 위해 세워진 교회이다. 383년 비잔틴 시대 사람들이 이곳에 기둥교회를 세웠다. 415년에 예루살렘의 교황 요한 2세가 이 교회를 넓히고 교회 이름을 마리아교회라고 명명하였다.

동정녀 마리아 무덤교회(출처 : 현지 여행안내서)

우유동굴성당(출처 : 현지 여행안내서)

마리아교회(출처 : 현지 여행안내서)

이 교회는 6세기에 요르단에서 발견된 매디바 지도에 나타나 있다. 마리아교회는 614년에 페르시아인들에 의해 파괴되었다가 십자군에 의해 재건되었으며, 현재 교회는 초기에 옛 교회들이 있었던 장소에 건축되었다.

교회 안에 있는 모자이크 바닥은 삼위일체를 묘사하며 위층에서 아래층으로 연결되는 계단을 내려가면 마리아의 집을 상징하는 지하실이 나온다. 이 지하실 중심부에는 전나무로 만들어지고 상앗빛이 나는 마리아의 몸 크기의 인형이 눕혀져 있다.

동정녀 마리아 무덤교회는 11세기 초 재건축된 교회이며 '추측의 교회'라 불리기도 한다. 마리아의 부모 요아킴과 안나 그리고 남편 요셉의 무덤이 이 안에 모두 다 있다. 지하실로 내려가는 계단을 따라 내려가면 동정녀의 무덤

탄생교회(출처 : 현지 여행안내서)

이 보인다. 이는 동굴 중앙에 있으며 그림들과 아름다운 등불로 치장되어 있다. 비록 이 무덤이 마리아의 것이라고 하나 예수님의 어머니가 세례 요한과 튀르키예에서 오랫동안 생활하다가 그곳에서 돌아가셨기 때문에 마리아의 무덤이 튀르키예의 에페소스에도 있다.

탄생교회는 동굴 위에 세워졌다. 로마 황제 하드리안은 제2차 유대인 반란을 진압한 후 기독교 말살 정책의 하나로 예수 탄생 동굴 위에 이도니스신전을 만들어 세워놓았다. 그 후 기독교를 공인한 콘스탄티누스 대제는 이 이도니스신전을 철거하고 이곳에 예수님 탄생교회를 건립하였다. 이 교회는 추후 530년 비잔틴 제국에 반란을 일으켰던 사마리아인들에 의하여 크게 손상을 입게 되지만 곧이어 유스티아누스 황제에 의해서 복원된다. 그 후 성지의 주

통곡의 벽

인이 여러 번 바뀌었으나 유스티아누스 황제가 복원한 이 교회는 크게 손상을 입지 않고 지금까지 잘 보존되어 내려오고 있다.

통곡의 벽은 헤롯이 주전 20년에 개축한 제2 성전 벽의 서쪽 부분이다. 추후 70년경에 로마의 티투스 장군이 제2 성전의 다른 부분은 모두 다 파괴하고 유독 이 벽만을 남겨놓은 이유는 후세 사람들에게 성전을 파괴시킬 수 있었던 로마 군인들의 위대한 힘을 보여주기 위한 것이었다.

이곳은 유대교도들이 가장 성스럽게 생각하는 곳으로서 옛 성전의 마지막 유물로 추앙하는 곳이다. 유대인들은 여기 와서 기도하고 성전 파괴를 애통해하는 곳이다.

황금문은 성전구역 동쪽 문이 서 있던 자리에 위치하며, 현존하는 것은 7

황금문(출처 : 현지 여행안내서)

세기 비잔틴 시대 구조물이다. 기독교 전통에 의하면 종려 주일에 예수님께서 제자들과 더불어 이 문을 통하여 입성하셨다고 한다. 9세기 이후로 이 문은 막히게 되었다.

승천당은 예수님께서 부활 일로부터 40일 후 승천하셨다. 복음서에는 예수님의 승천에 관하여 유일하게 말하고 있는 누가에 따르면 예수님의 승천이 감람산인 것을 언급하고 있으며, 동시에 누가의 저술인 사도행전에서도 승천 기

승천당(출처 : 현지 여행안내서)

사를 기록하면서 예수님 승천 직후 제자들이 감람원이라는 산으로부터 예루살렘에 돌아오니 이 산은 예루살렘에서 가까워 안식일에 가기 알맞은 길(행 1:12)이라고 묘사하고 있다. 안식일에는 제한된 거리만을 걸을 수 있는 율법 규정을 통하여 예루살렘에서부터 승천하신 곳까지의 거리를 잘 나타내주는 표현인 것이다. 전통적으로 예수님 승천이 감람산 꼭대기에서 이루어진 것으로 여겨져 4세기경에 승천을 상징하는 지붕 없는 8각형의 교회가 세워졌으나 페르시아인들이 이 교회를 파괴했고, 이후 20세기에 십자군들이 새 교회를 지었다.

또한 1187년 무슬림교도들에 의하여 지붕이 없는 교회에 사원 형태의 돔

을 씌워 기형적인 형태로 변했다. 예수님이 승천 시 밟아 발자국이 남겨진 바위가 교회 중앙에 보존되어 있었으나 이에 관한 이야기는 중세 이후에 만들어진 것으로 그 사실 여부는 확인할 길이 없다. 그리고 부활 후 마침내 이곳에서 하늘로 승천하시었다. 누가복음에는 예수님의 승천 장소를 베다니 근방이라고 기록하고 있으나, 다른 전승에 따르면 예수님이 승천하신 곳은 감람산 꼭대기라고 한다.

제1처 예수님이 재판을 받으신 장소(출처 : 현지 여행안내서)

그리고 비아돌로로사(십자가의 길)의 시작으로 가기 위해 예수님이 본디오 빌라도에게 재판을 받으신 장소 안토니아 요새로 향했다.

제1처 : 예수님이 재판을 받으신 장소

예수님이 안토니아 요새에서 본디오 빌라도에게 재판을 받으셨다. 오늘의 제1차는 알 오마리야학교

제2처 채찍질성당 입구(출처 : 현지 여행안내서)

뜰에서 시작한다.

제2처 : 채찍질성당

새벽에 대제사장들이 즉시 장로
들과 서기관들이 공회와 더불어 의
논하고 예수님을 결박하여 끌고 가
서 빌라도에게 넘겨주니(막 15:1)
예수님이 십자가를 지시고 채찍질
성당과 재판장성당은 예수님의 고
난과 십자가 지심을 기념한다.

군병들이 가시로 면류관을 엮어
그의 머리 위에 씌우고 자색 옷을
입히고 앞에 와서 가로되 유대인의
왕이여 평안할지어다 하며 손바닥
으로 때리더라(요 19:2-3).

제3처 : 예수님 첫 번째 넘어지심.

아르메니아 가톨릭은 이곳이 예
수님께서 십자가의 무게 때문에 넘
어지신 지점이라고 표시한다. 이로
인하여 내가 우니 내 눈에 눈물이
물같이 흐름이 나를 위로하여 내
영을 소성시킬 자가 멀리 떠났음이

제3처 예수님이 첫 번째 넘어진 장소(출처 : 현지 여행
안내서)

제4처 예수님과 마리아가 만난 곳(출처 : 현지 여행안
내서)

로다. 원수들이 이기므로 내 자녀
들이 외롭도다(애 1:16).

제4처 : 예수님과 마리아의 만남

제5처 : 구레네 사람 시몬이 대
신해서 십자가를 짐. 현재 프란체
시안교회

제6처 : 가톨릭교회에서만 전해
내려오는 전승에 의하면 베로니카
는 손수건으로 예수님 얼굴의 땀을
닦아주었는데 예수님의 얼굴 모습

제5처 시몬이 대신해서 십자가를 짐(출처 : 현지 여행
안내서)

제6처 예수님 얼굴의 땀을 닦아 준 곳(출처 : 현지 여행안내서)

이 베로니카가 입었던 옷에 찍혔다고 한다. 여호와는 그 얼굴로 네게 비취사 은혜 베푸시기를 원하며(민 6:25)

제7처 : 예수님이 두 번째 넘어지심.

제8처 : 예루살렘 여인들이 주님을 애도함.

제9처 : 예수님이 세 번째 넘어지심.

곱트교회 입구에 있는 기둥에 표시되어 있다. 이 장소로부터 예수님께서는 십자가에 못 박히실 장소를 보실 수 있었을 것이다.

조금 나아가서 얼굴을 땅에 대시고 엎드려 기도하여 가라사대 내 아버지여 만일 할만하시거든 이 길을 내께서 지나가게 하옵소서. 그러나 나의 원대로 마옵시고 아버지의 원대로 하옵소서 하시고(마 26:39)

제7처 예수님이 두 번째 넘어진 장소(출처 : 현지 여행 안내서)

제8처 예루살렘 여인들이 주님을 애도한 곳(출처 : 현지 여행안내서)

제10처 : 예수님께서 옷을 벗기심을 당하심.

제11처 : 예수님께서 십자가에 못 박히심을 당하심.

제12처 : 예수님 십자가 위에서 죽으심으로 장례를 준비한 곳

예수님 무덤교회 안에 있는 이 장소는 예수님의 어머니 마리아를 위한 제단에 의하여 나뉘는 두 개의 예배당이 있다. 하나는 거룩한 십자가 못의 제단이라 불리는 예배당으로 로마가톨릭에서 관리한다.

제9처 예수님이 세 번째 넘어지신 곳(필자가 십자가를 메고 있다)

거기에는 예수님의 옷이 벗겨지고 십자가 위에 못 박히신 장소임을 알려주는 모습이 표현되어 있다. 오른쪽 제단의 바위가 깨진 이유가 예수님이 돌아가실 때 지진에 의한 것이라고 믿어져 온다. 이에 성소 휘장이 위로부터 아래까지 찢어져 돌이 되고 땅이 진동하여 바위가 터지고 무덤 돌이 열리며 자

제10처 예수님 옷을 벗기심을 당한 곳(출처 : 현지 여행안내서)

던 성도의 몸이 많이 일어나되 예수의 부활 후에 저희가 무덤에서 나와서 거룩한 성에 들어가 많은 사람에게 보이느니라. 백 부장 및 함께 예수를 지키던 자들이 지진과 그 되는 일들을 보고 심히 두려워하여 가로되 이는 진실로 하나님의 아들이었도다 하더라(마 27:51-54).

제11처 예수님께서 십자가에 못 박히심을 당함(출처 : 현지 여행안내서).

제13처 : 예수님의 시신을 십자가에서 내림.

마리아가 예수님을 십자가에서 내린 후 몰약, 노회 그리고 향유를 발라서 장례를 준비한 곳이다.

제14처 : 예수님 무덤에 묻히심.

예수님의 무덤 성전 안 첫 번째 방은 천사성당이라고 한다. 이곳에서 막달라 마리아가 예수님의 무덤을 방문하여 그의 시신이 사라진 사실을 알게 된 곳이다. 무덤에 들어가서 흰옷을 입은 한 청년

제12처 예수님 장례준비를 한 곳(출처 : 현지 여행안내서)

이 우측에 앉은 것을 보고 놀라매 (막 16:5). 이것으로 예수님이 죽음에 이르는 십자가의 길을 마지막으로 필자는 예수님 무덤 안에 들어가서 잠시 명상에 잠겨 보았다. 그리고 예수님께서 고난받으셨던 십자가의 길(골고다 언덕 등) 체험을 모두 마치고 또 다른 성서와 관계가 깊고 유적이 많은 갈릴리로 이동했다.

예수님께서 십자가에 못 박혀 돌아가신 유물(못과 육신)(출처 : 현지 여행안내서)

제13처 예수님의 시신을 십자가에서 이곳에 내림. 마리아(중앙)가 몰약과 향유를 바르고 있다.(출처 : 현지 여행안내서)

오늘은 2010년 1월 26일이다. 중동지역 여행 그리고 방문일정을 모두 마무리하고 밤 11시 55분 KE958편으로 귀국하는 날이다. 조식 후 바로 갈릴리호수로 이동하여 베드로가 153마리의 물고기를 잡았던 베드로 수위권교회를 방문했다. 여기서 갈릴리호수에 대한 성서의 전설적인 이야기를 해볼까 한다.

제14처 예수님의 무덤(출처 : 현지 여행안내서)

갈릴리호수는 남북으로 약 20km, 동서로 약 14km 크기의 호수이다. 베드로는 이곳에서 고기를 잡는 어부였다. 그리고 예수님과 만나고 추후에 수제자가 되었다. 그리고 오병이어의 전설이 여기에서 등장한다. 베드로가 잡은 고기 두 마리와 빵 다섯 개로 예수님께서는 1,000여 명 이상과 함께 나누어 먹었다는 장소, 그리고 몸이 아픈 환자들을 고쳐서 일어서게

오병이어교회(출처 : 현지 여행안내서)

오병이어 모자이크(출처 : 현지 여행안내서)

하이파 시내 전경(출처 : 현지 여행안내서)

하였고, 제자들 앞에서 신통을 발휘해서 물 위를 걸었다는 곳이 바로 이 호수 주변에서 벌어진 이야기이다. 그리고 오병이어의 교회를 방문하자 바닥에는 오병이어 모자이크가 있다. 모자이크에는 고기는 두 마리가 있지만, 빵은 네 개밖에 없다. 이것을 두고 사연이 분분하다. 광주리 안에 들어 있다는 설과 예수님이 먹었다는 설 등이 등장한다.

전설적인 이야기 등을 뒤로하고 대규모 항구도시인 가이사라로 이동했다.

헤롯왕에 의하여 건설된 가이사라에서는 로마 시대의 원형극장, 바다를 낀 대전차경기장, 십자군 시대의 성채 등을 둘러보았다.

그리고 고대와 현대가 공존하는 아름다운 경관을 가진 항구도시 하이파로 이동해서 산을 깎아 만든 정원이 아름다운 바하이성전을 살펴보고 지구상에서 가장 오래된 지중해의 항구도시 욥바로 향했다.

그림 같은 항구도시 욥바에서는 시계탑, 올드욥바, 텔아비브 전경 등을 구경하고 일정을 마무리하였다. 순간, 지중해 먼 앞바다에는 해님이 일몰 직전에 여행을 잘했으니 잘 가라고 하며 방긋방긋 웃으며 작별인사를 하고 소리 소문없이 사라진다.

크리스트교(Christ敎)

크리스트교는 지금부터 약 2,000년 전 1세기 초에 예수 그리스도에서 비롯된 종교이며 '기독교'라고도 한다.

불교, 이슬람교와 더불어 세계 3대 종교의 하나이다. 기원 직후 이스라엘에서 비롯되어 예수그리스도를 메시아(구세주)로 믿고 하느님의 사랑과 예수에 의한 구원을 설(說)하는 이 종교는 그로 인하여 로마제국의 국교가 되었다. 그 후 그리스 문화의 전통과 더불어 유럽에 정신의 바탕이 되어 유럽의 생활 전체를 강하게 이끌어왔다.

중세에는 로마교황을 둘러싼 교권(權)과 제권(權)의 싸움이 여러 통일 국가들의 형성을 자극하기도 하였으며, 십자군의 원정은 동서 문화의 교류를 촉진시켰다. 종교개혁은 신교와 구교 사이에 피비린내 나는 종교전쟁을 일으켜 르네상스와 더불어 개인의 해방과 근대사회의 형성에 큰 구실을 하였다. 청교도에 의한 미국의 건설 신교와 구교의 국외 전도 등 크리스트교가 세계사에 끼친 영향은 크다고 할 수 있다.

크리스트교의 배경에는 유대교가 있다. 이스라엘 민족은 세계를 창조하고 지배하는 유일신 여호와에게 선택된 백성이라는 계약을 믿고 있었다. 그들은 율법에 따라 생활을 규제받음과 동시에 율법을 지킴으로써 영원한 생명을 얻는다고 믿고 있었다. 이스라엘 민족은 기원전 600년경부터 바빌로니아를 비롯한 페르시아, 그리스 등 외국의 지배를 받았으며 유대교가 박해를 받아 예루살렘의 성전까지 약탈당하고 이스라엘 민족이 학살당하기도 하였다. 기원전 63년에는 다시 로마의 지배를 받기에 이르렀다. 이러한 상황 속에서 유대 교도들은 그들의 유일한 신으로 받드는 하느님이 그들 민족을 구해 주기를 기다리며 이 세상은 곧 끝이 나고 새 세상이 오리라는 희망과 믿음 속에 살았다.

세월이 흘러 어느 날 예수가 나타나서 사랑과 의리와 하느님 나라의 복음을 사람들에게 전하였다. 그는 스스로 사랑을 실천하며 가난한 자와 병든 자, 버림받은 자들을 가까이 하고 죄인들도 회개하면 하느님의 나라에 들어갈 수 있다는 기쁜 소식을 전하였다. 그리하여 많은 사람이 예수를 메시아로 믿게 되자 당시 유대교 지도자들은 그를 배척하고 마침내 십자가에 못을 박아 죽게 했다.

3일 만에 부활한 예수의 모습(출처 : 계몽사 백과사전)

그러나 예수는 3일 만에 부활하여 그를 따르던 제자들 앞에 모습을 나타내었다. 이에 예수의 부활을 확인한 제자들은 예수가 이 세상의 구원자임을 확신하고 여러 지역으로 흩어져 복음을 전하였다.

한편 유대교인이며 예수를 죽이려 하던 사도 바울도 꿈에서 현몽하고 난 후 마음을 돌이켜 지중해 연안의 여러 나라와 지방을 돌아다니며 복음을 전파하는 일에 앞장을 섰다. 그리하여 크리스트교는 유대민족의 테두리를 넘어 세계적인 종교로 확장되기에 이르렀다.

이 시기에 초대 교회가 튀르키에를 시작으로 형성되었다. 그로 인하여《신약성서》가 편찬되었으며 크리스트교 신학의 기초가 확립되었다. 그 후 크리스트교는 동방교회(그리스정교)와 서방교회(로마 가톨릭교)로 갈라졌고, 16

복음을 전파하는 사도 바울(출처 : 계몽사 백과사전)

세기에 이르러 종교개혁 때문에 로마가톨릭으로부터 프로테스탄트(개신교)가 새롭게 형성되었다. 크리스트교는 하느님이 예수에 의하여 인류를 구원한다는 신앙에 바탕을 두고 있으므로 교의도 신성론, 예수론, 인간론으로 세 가지 문제를 중심으로 정리되었다. 또 교의는 성서의 증언에 바탕을 둔 것이므로 경전으로서 《신약성서》의 결집도 아울러 행하여졌다.

크리스트교에서는 하느님 앞의 인간은 모두가 평등하며, 인간은 신앙과 희망과 사랑으로써 하느님을 숭배하고 하느님에 항상 감사하는 마음과 복음에 어울리는 행동으로 이웃 사랑을 실천해야 한다. 그리고 개인과 사회의 윤리를 사랑과 신앙으로 지켜야 한다.

우리나라에는 18세기에 가톨릭교(천주교)가 처음으로 전해졌고 19세기에 개신교가 들어온 이래 꾸준히 교세가 확장되었다. 개신교는 고종 22년 (1885년)에 언더우드 목사와 아펜젤러 목사가 정식으로 선교사업을 시작하였다. 그 당시 우리나라는 이웃 열강들의 압력과 특히 일본의 침략이 현실로 나타나기 시작했고, 그럼에도 불구하고 개신교는 교육사업과 의료사업, 사회사업 등을 꾸준히 하여 성장 발전시켰으며 사회개선 사업에 큰 몫을 담당하였다.

현재 우리나라에는 예수교 장로회를 비롯하여 많은 교파가 지역마다 활동하고 있다.

팔레스타인 Palestine

팔레스타인(Palestine)은 지중해 동해 남부지역으로 현재 이스라엘을 중심으로 하는 지역 이름이다. 과거에는 '팔레스티나'라고 불리기도 했다.

동쪽은 요르단강, 북쪽은 레바논과 시리아, 남서쪽은 시나이반도에 둘러싸인 지역이며, 면적은 약 6,020km²이다. 고대에는 가나안으로 불리었으며 성서의 주요한 배경이 되어 있는 곳이다.

옛날 옛적에 유대민족이 모세를 따라 이 땅에 들어와 살았다. 그러나 이웃 나라들의 외세에 밀려 떠나버리고 아랍민족이 이곳에 들어와 정착하며 살아왔다.

제2차 세계대전이 연합군의 승

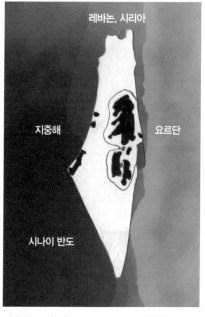

대략적으로 흰색은 이스라엘 영토, 검정색은 팔레스타인 영토

리로 막을 내리고, 유대인이 이곳에 이스라엘이라는 공화국을 세움으로 인해 아랍인과의 사이에 분쟁이 그치지 않고 있다.

오늘이 2023년 12월 23일이다. 지금도 이스라엘과 팔레스타인의 무장단체 하마스는 수많은 사상자를 발생시키며 치열하게 현대식 장비를 가지고 국지 전쟁을 하고 있다. 현재 이 지역의 약 75%는 이스라엘 영토이고, 나머지 25%인 요르단강 서안 지역과 지중해 연안 가자지구가 팔레스타인의 영토 지역이다. 이곳을 양국이 상호 실효 지배를 하고 있으며 공존하고 있다. 우리가 익히 알고 있는 팔레스타인 해방기구는 반이스라엘 정부를 목적으로 하고 팔레스타인의 해방을 목표로 하는 아랍인들의 통일을 위해 조직한 무장단체

전쟁 속에서도 열심히 살아가는 팔레스타인 고물상 아저씨(출처 : 현지 여행안내서)

이다. 줄여서 '피엘오(PLO)'라고 부르기도 한다. 이는 1948년 이스라엘이 건국하고 팔레스타인과의 전쟁 이후 실향민이 된 팔레스타인 난민들이 옛땅을 되찾기 위해 만든 조직이며 1964년에 설립되었다. 초대 의장은 아라파트이다. 그리고 정규군 외에 많은 수의 게릴라 단체를 가지고 있으며 1974년 국제 연합의 옵서버(참관인) 자격으로 승인을 받아 팔레스타인이라는 국가로 현재에 이르고 있다.

국토면적은 약 6,020km^{2}이며, 인구는 537만 1,230명(2023년 기준)이다. 사실상 수도는 라말라(Ramallah)이고, 법률상 수도는 예루살렘이다. 지금도 팔레스타인 사람들은 예루살렘을 수도로 주장하고 있다.

공용어는 아랍어와 영어를 사용하며, 종교는 이슬람(93%), 기독교(6%),

전쟁 속에서도 열심히 가내공업을 하시는 할아버지(출처 : 현지 여행안내서)

두루즈교(1%) 순이다.

시차는 한국시각보다 7시간 늦다. 한국이 정오(12시)이면 팔레스타인은 오전 5시가 된다. 화폐는 요르단 디나르와 이집트 파운드를 사용하며, 전압은 220V/50Hz를 사용하고 있다.

분쟁의 씨앗은 이스라엘이 건국을 선포한 다음 날부터 시작되었다. 당시 인구가 130만 명이던 팔레스타인 주민 중에 87명이 자기가 살고 있던 집과 땅을 빼앗기고 쫓겨났다. 현지 가이드의 설명에 의하면 팔레스타인 사람들은 이날을 기억하기 위해 가게와 학교 등 모든 직장의 문을 닫았다고 한다. 그리고 하루종일 울면서 슬퍼하였고 이들 중 일부는 상복을 입고 주민들과 합세하여 슬픔을 나누었다고 한다.

2002년부터 이스라엘은 팔레스타인 테러분자들이 이스라엘 영토로 넘어온다는 것을 명분으로 삼아 아파트 3층 높이의 분리장벽을 세우고 그 위에 철조망을 설치하였다. 이스라엘 측에서는 보안을 위한 장벽이라고 우기지만, 팔레스타인 주민들은 이것은 소나 양처럼 생활 반경에 장벽을 세우고 팔레스타인 민족을 고립시키는 장애물이라고 주장하고 있다. 그리고 3차

가족을 위해 음식을 준비하는 총을 든 할머니(출처 : 현지 여행안내서)

중동전쟁에서는 이집트가 다스리던 가자지구와 요르단이 관리하던 서안지구가 고스란히 이스라엘 손으로 넘어갔다.

전쟁은 시도 때도 없이 걸핏하면 탱크를 앞세우고 서로가 조준 사격을 하는 이유로 팔레스타인 주민들의 희생은 나날이 늘어가고 있다.

지금까지 통계 자료를 보면 이스라엘과 하마스 전쟁에서 팔레스타인 주민 100명이 죽으면 이스라엘 주민들의 사망자 수는 10명에 그친다고 한다. 그리고 팔레스타인 사망자는 민간인과 여성 그리고 어린이들이 사망자 수의 절반이 넘는다고 한다. 그로 인하여 팔레스타인 주민들은 1년에 500명 정도가 이스라엘 총부리에 희생되고 있다고 한다. 더욱더 가관인 것은 현재 이스라엘의 수도는 서예루살렘이고, 팔레스타인의 수도는 동예루살렘이다.

이스라엘과 팔레스타인 전체인구가 100이라고 보면 유대인이 58명이고 아랍인이 42명 정도 된다. 그리고 동예루살렘 인구가 55명이라고 보면 서예루살렘 인구는 45명이다. 서예루살렘의 인구는 대부분이 유대인이지만 동예루살렘의 인구 비율은 아랍인을 6이라고 보면 유대인은 4 정도 된다. 그래서 현재 인구 비율은 6:4를 유지하고

전쟁 속에서도 정다운 어린 남매(출처 : 현지 여행안내서)

베들레헴 팔레스타인 성작촌(출처 : 현재 여행안내서)

있다.

팔레스타인은 향후 유엔이 독립 국가로 인정할 시에는 동예루살렘을 수도로 확정을 지을 예정이다. 그러나 이스라엘 측에서는 향후 동예루살렘과 서예루살렘 모두가 자기네 영토가 될 것이라고 입을 모으고 있다.

서안지구의 지도를 보면 파란 점과 빨간 점으로 이스라엘과 팔레스타인의 영토를 구분 짓고 있지만, 물속의 고기처럼 사방으로 흩어져 있다.

여기에 이스라엘 민족 뒤에는 세계 최강국 미국이 있고, 팔레스타인 민족 뒤에는 같은 아랍국가인 시리아, 레바논, 요르단, 이집트 등이 있다. 이렇게 민족과 종교 그리고 세계정세에 맞물려 가자지구와 서안지구의 문제는 실타래처럼 뭉치고 꼬여있다.

동예루살렘 이슬람사원(출처 : 현지 여행안내서)

　재산과 인명 피해로 너무나 잔혹한 지구촌 중동의 이스라엘과 하마스 전쟁
은 그 누구도 해결하지 못하고 오늘(2024년 2월 3일)도 서산에 지는 해는 어
김없이 어둠 속으로 사라지고 있다.

아제르바이잔 Azerbaijan

    카스피해 서쪽에 위치하고 있으며 코카서스, 러시아, 그루지야와 경계를 이루고 있는 아제르바이잔(Azerbaijan)은 아제르인, 러시아인, 아르메니아인 등이 혼합된 국가이다.

수도 바쿠 시내 전경

이슬람교와 러시아 정교가 혼합되어 있고 러시아의 다양한 문화들이 잔재로 남아있는 아제르바이잔은 그 안에 나고르노카라바흐 자치주를 형성하고 있는 아르메니아인들이 따로 거주하고 있으며 양극 간의 분쟁이 끊이질 않고 있다.

수도인 바쿠(Baku)는 석유산업으로 인하여 카스피해의 중요한 거점도시가 되었으며, 많은 사람으로 북적거리는 대도시가 되었다.

현재 2003년에 취임한 알리예프 대통령이 있고, 대통령중심제이며, 수상은 라지라데 총리이다. 1992년 3월에 UN에 가입되어 있으며, GDP가 85억 4,000만 달러(2004년), 1인당 GDP가 1,023달러인 국가이다.

아제르바이잔은 서북 아시아에 속해있으며 아라스강과 쿠라강이 카스피

카스피해

해로 흘러 들어간다. 이 나라는 또 눈 덮인 코카서스산맥이 솟아 있으며 산맥 아래쪽으로 가장 많은 사람이 밀집해 있다. 코카서스산맥 근처는 매우 춥지만, 카스피해 연안은 온화하고 따뜻한 날씨가 이어져 지역 간 날씨 차가 크다.

아제르바이잔은 카스피해로부터 획득되는 석유가 주요 생산물이며 이외에 천연가스와 구소련 시절부터 있었던 각종 시멘트, 화학공장 등이 아직도 있다.

아제르바이잔 인구의 대부분을 차지하는 아제르인들의 종교가 이슬람교이기 때문에 현재로서는 이슬람문화가 강세를 이루지만 러시아인들과 아르메니아인들이 거주하고 있는 까닭에

러시아 정교와 아르메니아 정교 등도 존재한다. 이런 이유로 문화가 혼합된 양상을 보이지만, 전통음악이나 유적과 유물들은 보통 이슬람 문화권의 성격을 가진다.

아제르바이잔의 특산품으로는 다양한 문양의 직물이 있으며, 음식은 향신료가 강한 양고기와 필라프 등이 주를 이룬다.

아제르바이잔의 수도인 바쿠는 트랜스코카서스 지역에서 가장 큰

너무나 아름다운 바쿠의 소녀(출처 : 현지 여행안내서)

도시로 카스피해가 인접해 있는 항구도시이다.

구시가는 오래된 역사가 있으며, 이곳에서는 청동기 시대의 유물들이 발견되기도 하였다.

아테네의 아크로폴리스와 같이 바쿠에도 아크로폴리스가 존재하는데 그중 메이든타워에 올라서면 바쿠 시내가 한눈에 펼쳐진다. 다양한 박물관과 궁전, 각종 이슬람 사원 등이 도시 곳곳에 위치해 있으며, 시내에서는 특산품인 카펫과 보석 등 수공예품들을 쉽게 만나볼 수 있다. 특히 바쿠는 석유산업으로 인하여 많은 사람이 이곳에서 사업을 벌이고 있는 이유로 활기차고, 역동적인 느낌이 들게 만드는 곳이다.

메이든타워

'소녀의 탑'이라는 뜻을 가진 메이든타워는 12세기에 건축되어 벌써 800년의 역사를 자랑하는 고탑이다. 최근에 유네스코에서 지정한 세계문화유산으로 선정되면서 그 가치를 공식적으로 인정받게 되었다.

이 탑의 설계상 특이한 점은 벽이 매우 두껍다는 것인데, 탑의 벽 두께로는 이례적인 5m의 두께로 건축되었다. 8층으로 이루어진 이 탑은 30m 높이로 되어 있으며, 정상에서는 바쿠 시내 전체와 멀리 해안가까지 보이는 관광명소이다.

　정식명칭은 아제르바이잔공화국(Republic of Azerbaijan)이며, 수도는 바쿠이고, 국토면적은 86,600km²이다. 인구는 약 1,041만 2,650명(2023년 기준)이며, 중족구성은 아제르바이잔인(90.6%), 다게스탄인(2.2%), 러시아인(1.89%), 아르메니아인(1.5%), 기타(3.9%) 순이다. 공용어는 아제르바이잔어이며, 시차는 한국시각보다 5시간 늦다. 한국이 정오(12시)이면 아제르바이잔은 오전 7시가 된다. 환율은 한화 1만 원이 아제르바이잔 13마나트 정도로 통용된다. 전압은 220V/50Hz 사용하고 있다.

　고부스탄(Gobustan)은 바쿠 남쪽으로 65km 별어진 곳에 위치한 사막건

진흙 화산

조 기후의 사암지대로 석기 시대와 청동기 시대에 사람이 거주했던 세계 최초의 유적지이다. 이곳은 2007년 유네스코 세계문화유산으로 지정된 고부스탄의 암각화와 세계 7대 경관 후보지에 선정된 진흙 화산으로 잘 알려져 있다.

마자라(Maraza)는 고부스탄의 행정 중심지이고, 마자라 마을에는 옛날부터 순례자와 관광객을 끌어모았던 영표와 모스크가 함께 있는 특이한 2층 구조의 건축물이 있는데, 이 건축물은 이란의 이슬람 수피파 성인으로 불리는 다리바바 성자의 무덤이다.

샤마키(Shamakhy)는 아제르바이잔의 옛 왕궁이 있던 수도였다. 중세 쉬르반 왕조 시대인 9~16세기에 쉬르반 왕조의 집안 무덤과 왕궁터 그리고 7개의 무덤이라는 의미의 예디굼바르 및 마유모스크 등이 있어 관광객들의 발

옛 실크로드(비단길)

길이 종종 이어진다.

그리고 실크로드 교역의 중심지인 쉐키(Sheki)는 웅대한 프레스코와 섬세한 스테인드글라스로 장식된 아름다운 18세기에 건설된 쉐키 왕궁의 여름궁전인 칸사라이궁전과 알바니안교회 등이 관광지로서 각광을 받고 있다. 또 다른 유적으로는 실크로드의 대규모 교역 상인들인 카라반들이 쉬어가던 카라반 사라이(Caravan Sarai, 유네스코 세계문화유산 후보지)가 이곳에 자리 잡고 있어 예나 지금이나 실크로드 탐방객들이 꾸준히 이곳을 찾아오는 관광지로 유명하다.

조지아(그루지야) Georgia

유럽과 아시아의 경계를 이루는 카프카스산맥상에 위치한 조지아(그루지야, Georgia)는 남쪽으로 튀르키예와 아르메니아, 남동쪽으로 아제르바이잔, 북쪽으로 러시아와 접하며, 서쪽으로 흑해에 면한다. 교통과 교역의 접경지로, 수도는 트빌리시(Tbilisi)이다. 조지아는 국토의 3분의 2가 산악 지대이며, 평야 지대에서는 목축과 포도재배를 많이 한다.

석탄과 철광석, 원유 등 천연자원이 풍부하여 중공업이 발달되어 있고 발전시설이 잘 갖추어져 있는 편이다.

유럽과 중앙아시아, 중동의 접점에 위치한 그루지야(Gruziya)는 그 지정학적 위치로 인하여 오랫동안 열강의 침입과 충돌이 잦았던 지역이다.

지역적으로 북부지역은 여전히 위험요소가 있어 여행이 어려운 지역이지만, 그 지정학적 위치로 인하여 다양한 문화와 훼손되지 않은 자연과 따뜻하고 소박한 사람들로 인하여 매력적인 나라이다.

최근엔 개방정책을 통하여 새롭게 비상하고 있으며 앞으로 점차 유럽여행 확장에 있어서 새로운 여행지가 될 수 있을 것이다.

그루지야의 기후는 서쪽의 아열대성과 동쪽의 지중해성의 영향을 받는다. 또한 거대한 코카서스산맥은 북쪽으로부터 불어오는 차가운 바람의 장벽 역할을 해 준다. 그루지야는 면적이 큰 나라는 아니지만 다양한 기후대가 존재하여 흑해로부터의 거리나 고도에 따라서 지역마다 기온 차가 크다.

그루지야의 주요 경제활동은 시트러스 열매와 차, 헤이즐넛, 포도와 같은 농업에 의존한다. 이와 함께 망간과 구리와 같은 광물생산이 주요 산업이다. 그리고 알코올과 비알코올 음료와 금속, 기계부품과 화학물질 등의 산업이 있다. 그루지야는 천연가스와 석유 등의 에너지원료를 수입하고 있으며 유일한 대규모의 내부에너지라면 수력발전을 들 수 있다.

도시 내부의 파벌 정쟁에 따른 심각한 경제적 손실에도 불구하고 그루지야는 IMF와 월드뱅크의 도움으로 1995년에는 GDP 성장과 인플레이션이 감소하는 등 실질적인 경제적 이득을 만들어 냈다. 그러나 그루지야 정부는 세금징수에 있어서 장기간 실패를 하는 동안 제한적인 자원으로 어려움을 겪었

고대 동굴도시 우프리스치케

다. 또한 에너지 고갈로도 어려움을 겪었다. 1998년 트빌리시는 많은 구역이 사유화되었고, 적절치 않은 투기로 말미암아 국가 점유율이 낮아졌다. 그루지야는 파이프라인과 무역의 교차로 역할을 통하여 장기적인 성장을 기대하고 있다. 바쿠-트빌리시-시안 간 원유파이프라인과 바쿠-트빌리시-에르제룸 가스파이프라인이 대단위 투자와 일자리 창출이 될 것으로 기대된다.

시그나기(Sighnaghi)는 조지아의 가장 동쪽에 위치한 카케티주에 속한 마을로 조지아에서 가장 규모가 작은 마을 중 한 곳이다.

자연환경이 아름답고 역사 유적들이 잘 보존되어 있어 조지아 정부에서 1975년부터 역사지구로 지정하여, 조지아 관광산업의 요지로 육성하기 위해 보호 중이다. 그리고 우프리스치케 고대 동굴 도시는 지금은 오가는 사람은 없지만, 그 옛날 주거 지역, 상가 지역, 교회 등은 고스란히 보존되어 있다.

트빌리시는 조지아의 수도로, 대카프카스산맥 남쪽 기슭의 해발고도 500m의 구릉과 쿠라강 계곡에 시가지가 위치한 도시이다. 세계적으로 유명한 포도주와 브랜디를 생

시오니대성당

산하며, 유명한 관광지로는 조지아
정교의 상징인 시오니대성당, 트빌
리시의 대표적인 건축물인 나리칼
라성 등이 있다.

스탈린 생가(지하는 아버지가 운영하던 목공소이다.)

므츠헤타(Mtskheta)는 이베리
아의 수도였다. 므츠헤타는 조지
아 자카프카스 지방에 있는 도시로
쿠라강과 아라그비강의 합류점에
있다. 종교의 중심지이며, 1996년
세계문화유산으로 지정된 십자가
수도원이라는 뜻의 즈바리수도원,
스베티츠호벨리대성당 등이 남아
있다.

고리(Gori)는 조지아 중부에 있는 휴양도시이자 역사적으로도 의미 있는
도시이기도 하다. 옛 소련의 정치가인 이오시프 스탈린의 고향으로 스탈린
생가, 스탈린의 사진과 편지 등 개인소장품이 전시된 스탈린기념박물관, 전
용 열차 등이 관광지로 인기를 끌고 있다.

정식명칭은 조지아공화국이며, 인구는 약 372만 8,300명(2023년 기준)
이다. 종족구성은 조지아인(83.8%), 아제르바이잔인(6.5%), 아르메니아인
(5.7%), 러시아인(1.5%), 기타(2.5%) 순이다.

국토면적은 69,700km²이며, 공용어는 조지아어를 사용하고, 시차는 한

스탈린 전용 열차

국시각보다 5시간 늦다. 한국이 정오(12시)이면 조지아는 오전 7시가 된다. 환율은 한화 1만 원이 조지아 약 21사리로 통용된다. 종교는 조지아 정교 (83.9%), 이슬람교(9.9%), 기타(6.2%) 순이다. 전압은 220V/50Hz를 사용하고 있다.

아르메니아 Armenia

    아르메니아(Armenia)는 코카서스 지역, 열강들의 교차점이라는 이유로 늘 학살과 압제를 견뎌야 했지만, 이제는 독립 국가로서 새로운 비약을 기대하는 나라이다.

개양귀비 집산지

수도는 예레반(Yerevan)이며, 그리스도교를 최초로(4세기 초) 국교로 받아들인 나라이다. 18세기까지 주변 여러 국가의 지배를 받아왔지만, 소아시아 서북부의 카프카스 산지에 있는 내륙국이란 지리적 이점을 살려 마침내 1920년 세르브 조약에 의해 독립이 인정된 아르메니아는 1936년 12월 구소련을 구성하는 연방공화국의 하나가 되었다가 구소련의 해체에 따라 1991년 독립하였다.

아르메니아는 지리적으로 흑해와 카스피해에 인접해 있고, 남서쪽으로는 튀르키예와 이란, 북쪽에는 그루지야, 동쪽에는 아제르바이잔과 접하고 있다.

코카서스산맥이 뻗어 있는 아르메니아 남쪽으로는 아락스강이 흐른다. 국가 대부분이 산악지역이지만 북부의 코카서스산맥이 북쪽 지역의 추위를 막

원주민 정원

아주어 아르메니아는 오히려 남부지역의 영향을 받아 따뜻하고 여름에는 매우 덥다.

아르메니아는 겉으로 보기에 분위기는 마치 중동의 국가들과 비슷하다. 하지만 아르메니아 정교를 믿고 있는 이들에게 있어, 이슬람 사원이 없는 중동의 풍경을 상상해 볼 수 있다. 러시아 정교와 비교했을 때 교회의 외관이 단순한 편이다.

예레반은 아르메니아의 수도이자 아르메니아에서 가장 큰 도시이다. 예레반은 아르메니아의 행정, 문화, 산업의 중심지이며 포도주, 브랜디 제조, 담배 제조업이 발달해 있다.

에치미아진(Echmiadzin)은 아르메니아의 종교 중심지로, '아르메니아의 바티칸'이라고 불리는 도시이다. 세계 최초의 교회이자 2000년 유네스코 세계문화유산으로 지정된 에치미아진성당, 아르메니아에 기독교를 전파한 성녀 흐립스민 수녀의 무덤이 있는 흐립스민교회, 예술적인 석조건축의 진수를 자랑하는 즈바르트노츠성당 등 종교적인 관광지가 다양한 도시이다.

정식명칭은 아르메니공화국(Republic of Armenia)이며, 면적은 29,743km²이다.

종족구성은 아르메니아인(97.4%), 예지드 쿠르드족(1.3%), 러시아인(0.5%), 기타(0.3%) 순이다. 인구는 약 277만 8,000명(2023년 기준)이고, 공용어는 아르메니아어를 사용한다.

종교는 아르메니아사도교(94.7%), 기독교(4%), 예지드파(1.3%)를 믿는다. 시차는 한국보다 5시간 늦다. 한국이 정오(12시)이면 아르메니아는 오전

가르니신전(출처 : 현지 여행안내서)

7시가 된다. 전압은 220V/50Hz 를 사용하고 있다.

유네스코 세계자연유산인 아짜 트계곡 주상절리는 예레반에서 약 30km 떨어진 가르니 지역에 있 다. 이 지역에 아짜트계곡이라는 골짜기가 있는데 이 계곡을 많은 사람이 찾는 이유는 이 지역에 아 르메니아의 대표적인 교회 중의 하 나인 게르하르트 동굴교회가 있고,

주상절리

로마 유적인 가르니신전이 있기 때문이다. 그리고 세계에서 제일 크고 유명한 주상절리가 펼쳐져 있어 보는 이들로 하여금 감탄을 자아내게 한다. 입이 벌어지지 않을 수 없는 주상절리는 바라보는 사람에 따라 저마다 표현을 달리한다. "아짜트계곡 전체가 주상절리로 도배를 하였다."고 하는 사람 또는 "이곳이 주상절리의 자연사 박물관"이라고 하는 사람 그리고 "수천만 개의 사각, 오각, 육각의 돌들을 파이프 오르간으로 연상하여 돌들의 교향악"이라고 표현하는 사람도 있다.

이곳을 관람하기 위해서는 말을 타고 가는 사람, 자전거를 타고 가는 사람, 걸어서 가는 사람 등 종류도 다양하다. 우리 일행들은 걸어서 90분 코스로 일정을 마무리했다.

코비랍교회(출처 : 현지 여행안내서)

코비랍교회는 아르메니아가 세계에서 최초로 기독교 국가가 되는 데 결정
적인 계기가 된 사건이 발생한 곳이다. 이 사건은 아르메니아에 기독교를 전
파하기 위해 파견된 성 그레고리 대주교를 당시 아르메니아 왕이 이 코비랍
교회 지하 감옥에 가두어버렸다. 그 당시 아르메니아는 이교도 토속 신앙이
뿌리 깊게 내려있었고, 기독교는 신흥 종교 중의 하나였는데 왕이 대주교에
게 이교도 신전에 헌화하라고 명령하였다. 대주교가 이를 거부하자 진노한
왕은 항명으로 간주하고 대주교를 이곳 코비랍교회 지하 감옥에 13년 동안
이나 감금시켜 버렸다. 그 후 아르메니아 왕은 알 수 없는 중병에 걸려 신음
을 하고 있을 때 꿈에 그레고리 대주교가 나타나 병을 고치겠다고 한다. 이
후 왕에게 불려간 대주교는 왕의 병을 고쳐주었으며, 이에 감복한 왕은 기독

노아의 방주가 걸린 아라라트산(출처 : 현지 여행안내서)

교로 개종하고 301년 세계 최초로 기독교를 국교로 선포하였다.

이 사건은 역사 속으로 그리고 입에서 입으로 오늘날까지 전해오고 있다.

그리고 이곳 코비랍수도원에서는 날씨가 맑으면 노아의 방주가 도착한 만년설로 싸인 아라라트산을 가장 가까이에서 조망할 수 있다. 그리고 아이러니하게도 코비랍수도원과 연관성이 있는지 에치미아진성당 내 박물관에는 예수님이 예루살렘에서 십자가에 못 박힐 때 예수님 옆구리에 로마 병사가 찌른 사모 창과 당시의 십자가 조각 그리고 노아의 방주 파편 등이 고스란히 진열되어 있다. 이곳에 사모 창이 있게 된 동기가 무척이나 궁금했지만, 일행들과 일정을 같이하기 위해 조용히 공항으로 이동했다.

로마 병사가 예수님을 찌른 사모창

에치미아진성당

Part 4.

중앙아시아

Central Asia

(우즈베키스탄, 투르크메니스탄, 타지키스탄, 키르키스스탄, 키지흐스탄)

우즈베키스탄 <small>Uzbekistan</small>

아무-다리아강과 시르-다리아강 사이에 있는 고대의 요람인 우즈베키스탄(Uzbekistan)은 중앙아시아 공화국 중 역사적으로 가장 매혹적인 곳이다.

실크로드의 주요 중심지였으며 장대한 건축물들이 있는, 세계에서 가장 오래된 몇몇 도시들이 있다. 우즈베키스탄은 다른 모든 '-스탄'으로 끝나는 나라들과 국경을 접하면서 중앙아시아의 중심부에 위치하고 있으며 옛 소련 중앙아시아 공화국 중에서 가장 중요한 위치에 있다.

우즈베키스탄은 옛 실크로드, 그 여러 갈래 길 중에서도 톈산 북로에 해당한다. 중국 서안에서 시작하여 고비사막을 지나고 톈산산맥을 넘는 사투에서 살아남은 자만이 만나게 되는 오아시스의 푸른 초원길이 있던 땅이 바로 지금의 우즈베키스탄이다.

동서양의 경계이고 길목에 위치한 우즈베키스탄은 2,500여 년 동안 알렉산더대왕, 아랍 그리고 칭기즈칸의 지배를 받았다.

14세기에 이르러 위대한 티므르의 시대가 도래했는데 우즈베키스탄의 국부인 그는 파키스탄, 이란에서 흑해 연안까지 대제국을 이룩하였다. 티므르

티므르 대제 동상

지진 발생 기념비

푸른색이 가득한 사마르칸트 유적지(출처 : 현지 여행안내서)

시대는 실크로드의 중심지로서 상업과 문화가 가장 번성했던 시기였다.

그는 사마르칸트(Samarkand)를 영롱한 푸른색의 건축물이 가득한 동방의 로마로 만들고자 했다.

면적은 우리나라 남북한의 약 두 배이며, 국토의 4분의 3은 평원, 나머지 4분의 1이 산악과 고원 그리고 사막으로 이루어져 있다. 우즈베키스탄은 사계절이 있으며 대륙성 사막 기후로 건조하고 큰 일교차를 보이는 것이 특징이다. 봄과 가을은 20도 전후로 온화하고 활동하기에 좋다. 국토면적은 447,400km²이며, 인구는 약 3,516만 4,000명(2023년 기준)이다.

주요 언어는 우즈베크어, 타지크어, 파르시어 순으로 사용되고 있으며, 종족구성은 우즈베크인(71%), 러시아인(8%) 등이 있다. 종교는 이슬람(수니파

88%), 기독교(10%) 순이며 이슬람국가이다.

시차는 한국보다 4시간 늦다. 한국이 정오(12시)이면 우즈베키스탄은 오전 8시가 된다. 환율은 한화 1만 원이 우즈베키스탄 약 86,000숨으로 통용된다. 전압은 220V/50Hz를 사용하고 있다.

독립기념탑

타슈켄트(Tashkent)는 중앙아시아 최대의 고대도시 중의 하나로 우즈베키스탄의 수도이다.

고대에는 '챠크'로 알려졌으며 금과 보석, 과일과 좋은 말들로 유명한 곳이었다. 예로부터 국제교류와 오아시스 농업의 중심지로 기술과 예술의 도시로서도 역할을 했다. '돌의 도시'란 뜻의 타슈켄트는 공업과 섬유, 항공기 제작 등 현대 산업의 중심지이며, 중앙아시아의 미술, 수공예품, 자수, 보석들이 전시되어 있는 20여 개의 박물관과 전기, 수학, 천문, 기계 등을 연구하는 우즈베키스탄 과학 아카데미가 있다.

이곳은 과거와 현재가 조화롭게 공존하는 도시로 16세기의 작품인 바라칸 메드레세의 아름다운 문을 가진 이스티후아바 바자르, 쿠켈다쉬 메드레세(Kukeldash Madrassah)와 같은 중세 건물들이 현대적인 건축물과 함께 자

경마용 승마(출처 : 현지 여행안내서)

리를 나란히 하고 있다. 타슈켄트는 1966년 지진 이후 재건되어 아름다운 공원과 광장이 있는 새로운 도시로 변모하였다.

쿠켈다쉬 메드레세는 복원되고 있는 웅장한 16세기의 학교로, 따뜻한 금요일 아침이면 이곳의 광장은 예배자들로 넘쳐난다. 근처에 있는 작은 15세기의 자미모스크(Jami Mosque)는 소련 시대에 금속 작업장으로 사용되던 곳이다.

쿠켈다쉬 옆의 큰 야시장인 초르수시장(Chorsu Bazaar)은 전통복장을 한 수많은 사람이 시골에서부터 몰려드는 곳이다.

사마르칸트만큼 실크로드의 낭만을 불러일으키는 이름도 없다. 대부분 사람에게 사마르칸트는 아틀란티스(Atlantis)처럼 신비로운 것이며 전설적인

야외 시장인 초르수시장(출처 : 현지 여행안내서)

곳이다. 티무르 제국의 웅장하고 생생한 기념비적인 사마르칸트에는 총천연색 시장과 길고 풍부한 역사가 특이한 형태로 마술같이 작용하는 곳이지만 쭉 뻗은 소련 스타일의 도시이기도 하다.

사마르칸트에서 가장 유명한 대부분의 여행지는 14~15세기에 사마르칸트를 중앙아시아의 경제, 문화, 학문의 중심지로 만든 티무르와 그의 손자 울루그벡, 우즈벡 샤이바니드인의 작품이다.

거의 모든 명소는 구조가 옛 모습 그대로 변하지 않고 남아있는 잡다한 구시가지에 있다. 이곳에는 사마르칸트의 자랑거리이자 중앙아시아에서 가장 경외심을 일으키는 수많은 마졸리카 도자기, 담청색 모자이크, 거대하고 아름답게 분할된 공간을 제공하고 메드레세로 이어지는 웅장한 종합작품인 레

울루크벡 동상

지스탄(Registan)광장이 있다.

사마르칸트는 그 역사가 로마나 바빌론 시대까지 거슬러 올라가는 고대도시이다. 2,500년 전 풍요로운 제라프산강을 중심으로 소그드인들이 삶의 터전으로 삼았던 이곳에 BC 4세기에 알렉산더대왕이 침략하여 모든 것을 파괴하고 약탈했다.

알렉산더 이후 아시아와 페르시

고려인의 영웅 김병화 동상

아 문화, 그리스 문화가 융합하여 헬레니즘 문화의 탄생 계기가 되었다. 이곳은 실크로드를 중심으로 교역의 중심이 되어 왔다.

오랜 역사 속에 여러 왕조의 흥망이 거듭되다가 14세기에 티무르가 출현하여 사마르칸트는 푸른 빛의 아름다운 도시로 태어나게 되었다. 그중 비비하눔모스크는 아름답고 슬픈 전설을 가지고 있다.

때는 바야흐로 티무르 대제가 인도 델리의 술탄 왕국을 정벌하기 위해 군사들을 이끌고 출정식에 앞서 자기의 8 왕비 중 자신이 제일 총애하는 비비하눔과 서로 손을 잡고 약속을 한다. "내가 알렉산더대왕과 칭기즈칸도 정복하지 못한 인도를 정벌하고 승리의 깃발을 들고 개선하는 것을 기념하기 위해 개선문이 아닌 개선 모스크를 세우자." 그리고 건축가는 당대 지구촌의

비비하눔모스크

티므르 대제 동상

티므르 대제 무덤

최고 기술자인 "이란의 건축가를 채용하라."고 지시하고 티무르 대제는 군사들을 이끌고 인도로 향한다. 그리고 비비하눔은 이란 최고의 건축가를 초빙해서 모스크를 건축하기 위해 열과 성의를 다한다.

그러던 어느 날 이란 건축가는 비비하눔의 뛰어난 미모에 반하여 "자기와 사랑을 약속하지 않으면 공사를 중단한다."고 하며 사랑을 요구한다. 비비하눔은 며칠간 고민에 고민을 거듭하다가 마침내 모스크 완공을 조건으로 당신과 키스 정도는 할 수 있다는 조건을 제시한다.

원하는 바가 이루어진 두 사람은 싫어하든 좋아하든 키스로 열렬한 사랑을 하였다. 그 후 티무르 대제는 자기가 원하는 인도 정벌을 마무리하고 군사들을 이끌고 개선장군처럼 씩씩하게 환궁을 하였다.

그리고 얼마 지나지 않아 또 다른 왕비로부터 건축가와 비비하눔의 관계에 대한 사실을 알게 되었다. 티무르 대제는 그 자리에서 건축가를 당장에 잡아오라고 하여 자기가 보는 앞에서 처참하게 죽이고 만다. 그리고 비비하눔 역시 모스크의 미나렛 꼭대기에 데리고 올라가서 즉석에서 던져버려 저세상으로 보내 버린다. 이렇게 해서 두 사람의 사랑은 비비하눔의 죽음으로 막을 내린다. 이것이 바로 비비하눔모스크의 전설적인 사랑과 슬픈 이야기이다. 그래서 이 세상에는 비밀(사랑)도 없고, 공짜 (키스)도 없고, 정답 (죽음)도 없다고 한다.

1,000년의 역사를 간직한 건물과 2세기 동안 많이 변하지 않은, 완전히 살아있는 도심지가 있는 부하라(Bukhara)는 중앙아시아에서 러시아 전 투르크스탄의 흔적을 찾을 수 있는 가장 좋은 곳이다.

부하라 아크 요새(출처 : 현지 여행안내서)

대부분 도심지에 옛 건축물이 보존되어 있는 이곳은 거대한 왕궁, 요새, 여러 곳의 옛 메드레세, 수많은 고대의 공중목욕탕, 옛 시절의 거대한 시장터와 유적지가 남아있으니 아무도 단순한 색채에 대해 불만을 늘어놓지 못한다.

부하라시에는 연못 주변에 세워진 17세기의 광장인 라비-하우즈(La-bi-hauz), 세 개의 돔으로 된 시장, 47m(154피트) 높이로 아시아에서 가장 높은 건축물인 12세기의 카란 첨탑(Kalan Minaret), 부하라에서 가장 오래된 건물(905년에 완성됨)로 중앙아시아에서 가장 정교한 이스마일 사마니(Ismail Samani)의 모슬럼(Mausoleum)이 있다. 산 크리스트어로 부하라는 '수도원'이란 의미로, 한때 실크로드의 상업과 문화교류의 중심지였다. 140여 개 이상의 건축물들이 남아있는 부하라는 도시 전체가 박물관이라 할 수 있다.

가장 오래된 이스마일 샤마니 오아조의 위대한 통치자가 건축한 이 박물관은 포이 칼리안 메드레세, 칼리안 미나렛 등이 2,500년의 역사를 뛰어넘어

과거 실크로드 지역

현재 남아있는 실크로드 중심상가

오늘에 이르기까지 위용을 자랑하고 있다. 이슬람의 대표적인 건축물인 모스크는 이슬람교도가 하루에 다섯 번씩 메카를 향해 기도하던 장소이며, 메드레세는 이슬람교를 공부하던 학생들이 연구하고 생활하던 신학교이다. 높게 솟은 미나렛은 끝없는 사막의 대상들의 길잡이 역할을 하던 사막의 등대였다. 지나가는 자리마다 폐허로 만들었던 칭기즈칸도 이 미나렛을 목표로 부하라를 찾아왔기 때문에 파괴하지 않았다고 한다.

히바(Khiva) 도심의 아무다리야강 왼쪽 기슭에 있는 히바성은 2중 성벽으로 둘러싸여 있는데, 디샨칼라라고 하는 외성과 이찬칼라라고 부르는 내성으로 나뉜다.

이찬칼라는 남북으로 길이 650m, 동서로 길이 400m, 면적 2.6km²인 작

히바성(외성)

은 거리로서 높이 10m의 성벽으로 둘러싸여 있다. 내성 안에는 20개의 모스크, 20개의 메드레세, 6개의 미나렛을 비롯한 수많은 중세 유적이 보존되어 있다. 파흘라반마흐무드사당에는 채색 타일을 붙인 둥근 지붕을 얹었고, 입구는 상아 조각으로 장식되어 있다.

14세기에 세운 세이드알라우딘사당은 어도비(햇볕에 말린 벽돌)로 지었으며, 10세기 건축물인 주마모스크는 정교한 조각을 새긴 213개의 원기둥이 안뜰을 둘러싸고 있다. 이슬람교의 고등교육 시설인 쿠틀루크 무라드이나크 메드레세는 호레즘 특유의 건축법인 벽돌을 끼워 맞추어 세운 건물이다.

가장 규모가 큰 무함메드아민칸 메드레세에는 높이 28m의 미완성 미나렛 칼리타 미노르가 세워져 있다.

이슬람 호쟈에는 히바의 상징물인 높이 45m의 미나렛이 있다. 이는 1910년 건설하였으며 탑 전체가 푸른색과 녹색 타일로 아름답게 장식되어 있다. 1990년 유네스코(UNESCO, 국제연합교육과학문화기구)에서 세계문화유산으로 지정하였다.

투르크메니스탄 Turkmenistan

투르크메니스탄(Turkmenistan)은 중앙아시아 동남단에 위치한 나라로 동쪽은 아프카니스탄, 남으로는 코페트다크산맥을 경계로 이란과 아프카니스탄, 서쪽은 카스피해, 북동쪽은 우즈베키스탄과 접경하고 있다.

카스피 해변(출처 : 현지 여행안내서)

국토의 80%는 카라쿰(Kara-Kum)사막 저지대이나 중앙아시아 국가 중에서 평지 비율이 높다. 지세는 투란 저지와 남부 산지로 나뉜다. 지리적 특성에 따라 지하자원이 풍부한 서부지방, 코페트다크 산악지대, 남부 오아시스 지대, 아무다리야강 유역 및 카라쿰사막 등 5개 지역으로 구분한다. 대륙성 건조기후로 기온의 연교차, 일교차가 크다. 습도가 낮고 증발이 높으며 강수량이 적다. 여름은 무덥고 건조하며, 겨울은 온화하고 때때로 약간의 눈이 내린다. 짧은 봄은 습윤하며 가을은 건조하다.

주요 민족은 투르크멘인 73.2%, 러시아인 9.8%, 우즈베크인 9.0%, 카자흐인 2.0%, 타타르인 0.9% 등이며, 상당수의 타타르인, 아르메니아인, 아제르바이잔인, 카라칼파크인 등이 거주한다.

투르크멘인은 중앙아시아에서 가장 거주 역사가 오랜 민족으로 호전적인 기질의 종족이었으며, 강력한 통일민족 국가를 건설하지 못하고 러시아에 의한 점령과 사회주의 혁명에 이르기까지 소규모 부락 공동체를 이루며 살아왔다.

원래 유목민이었으나 현재는 거의 정착되었으며, 다른 중앙아시아 지역과는 달리 부족과 씨족 정신을 유지하고 있다. 다민족 국가로서

독수리 전문 사냥꾼(출처 : 현지 여행안내서)

독립기념탑

각 민족 언어가 민족 내에서 통용되었으나 19세기 말 이래 러시아의 언어 동화정책으로 러시아어를 공식 언어로 사용하였으며, 독립 후 투르크멘어가 공식 언어로 채택되었다. 투르크멘어는 튀르키예어와 함께 오우즈어 계통인 남튀르키예어에 속한다. 주요 부족별로 여러 방언으로 나누어져 있으며 부족별 방언은 현대어 기초형성에 중요한 역할을 하였다.

국토면적은 488,100km^{2}이며, 인구는 약 651만 6,000명(2023년 기준)이다. 주요 언어는 투르크어를 사용하고, 종교는 이슬람 수니파가 절대다수를 차지하는 순수 이슬람국가이다. 시차는 한국시각보다 4시간 늦다. 한국이 정오(12시)이면 투르크메니스탄은 오전 8시가 된다. 환율은 한화 1만 원이 투르크메니스탄 약 37,500마나트 정도로 통용된다. 전압은 220V/50Hz를 사용하고 있다.

인구 60만 명의 도시 아시가바트(Ashkhabad)는 투르크메니스탄의 수도로 1881년 계옥 테패 전쟁에서 20,000여 명의 투르크멘을 살상한 러시아의 수비대가 건설한 도시이다. 1893년, 1895년, 1929년 지진으로 파괴와 재건이 거듭된 이곳은 1948년 지진으로 도시가 완전히 파괴되었으며 약 110,000명이 희생되었다.

순록 전문 사냥꾼(유목민) (출처 : 현지 여행안내서)

카펫박물관은 1994년 10월 24일에 개관한 역사가 짧은 박물관이다. 골동품 융단, 18m×11.5m, 20m×13m의 대형 카펫 등 다양한 카펫을 전시하고 있다. 이 대형 카펫들은 무게가 1톤이나 된다.

니사(Nisa)는 BC 3~4세기에 건설된 고대도시로 파르티아의 수도였다. 알렉산더대왕이 죽은 후 마케도니아의 분열과 함께 이들에게 밀려났던 유목민들이 건설한 국가이다. 파르티아는 사산 왕조가 페르시아에 망하기 전까지 페르시아 전역을 지배하고 있었다. 43개의 탑과 왕궁, 그 주변으로 2개의 사원이 세워졌던 유적이 있다. 13세기 몽골의 침략으로 점령된 지 15일 만에 완전히 파괴되어 버렸다.

게옥—테페 요새

　게옥—테페(Geok-Tepe)란 '푸른 언덕'이란 뜻으로, 이곳에는 요새가 하나 있다. 1881년 러시아가 투르크메니스탄을 합병하기 위하여 전쟁할 당시, 성안에는 약 40,000명의 시민과 10,000명의 군대가 있었다.

　스코벨레브 러시아 장군은 보병 7,000명과 야포 60문을 갖고 있었으나 성안으로 들어갈 수 없어 성벽 아래로 터널을 뚫어 공격을 하게 된다. 터널 안에 엄청난 양의 화약을 넣어 요새를 폭파했다. 러시아군의 공격에 수백 명의 희생자가 발생하고 결국 요새를 내주고 말았다. 이 전쟁에서 스코벨레브는 영웅이 되었으며 '하얀 장군'이란 별칭도 얻었다. 그러나 투르크메니스탄 국민으로부터는 무자비하고 잔악하다는 의미로 '붉은 눈'이란 별명을 얻었다.

　1996년 당시의 전쟁에 희생된 투르크메니스탄의 호국영령을 위한 모스크가 세워져 있다. 아시가바드탑은 투루트메니스탄의 최고의 건물로 높이는 75m이다. 시내의 상징인 이 탑은 1995년 12월 12일 유엔 회원국 185개국 대표가 중립 탑으로 정한 기념물이다. 21.5m에는 바와 전망대 그리고 50m에는 전망대, 63m에는 12m짜리 조각상이 있다. 중립 아치에는 하얀 대리석과 동으로 투르크메니스탄의 역사를 표현하고 있다. 이 탑은 엘리베이터를 이용하여 올라갈 수 있으

아시가바드탑

며 이곳에서 시내의 전경을 조망할 수 있다.

쿤야 우르겐치(Kunya Urgench)는 고대도시 중의 하나로 고대로부터 수많은 이름을 갖고 있는데 몽골의 침략 이후 '우르겐치'로 불렸으며, 1646년에 '쿤야 우르겐치'로 바뀌었다. 일설에 의하면 우르겐치는 7번 파괴되고 7번 재건했다고 한다. 1017~1034년에 가즈나빗의 통치를 받았으며 이어서 1221년 칭기즈칸의 침략이 있기까지 튀르키예의 노예였던 아부시데킨 국가였다.

1231년 우르겐치는 골든 호데(Golden Horde)에 합병되었고, 14세기 중엽에는 골든 호데의 지원으로 수피 왕조가 세워졌다. 도시는 1388년 테무를

쿤야우르켄치 술탄 알리의 모스크

린크에 의해 파괴되었다. 1646년 이곳으로 유입되던 아무 다리야강의 수로가 바뀌면서 도시는 그 생명을 잃었다.

히바의 칸들에 의해 칸얍운하가 건설되면서 히바라는 새로운 도시로 태어나게 되었다.

마리(Mary)와 메르브(Merv) 중에 마리는 투르크메니스탄의 동남부에 위치한 조그마한 오아시스 도시이다. 마리 동쪽 약 30km 떨어진 곳에 바이랑 알리(Bairam Ali)라는 소도시가 있다. 바로 이 소도시 북쪽에 메르브라는 한때 중앙아시아에서 큰 도시 중의 하나였던 유적지가 있는데 중앙아시아를 따라 이란으로 통하는 실크로드상에 위치한 중요한 지역이다.

메르브는 11세기와 12세기에 셀주크(Seljuq)가 이곳에 수도(후에 바그다드로 천도)를 만들었을 때가 가장 전성기였다고 하며 그 영토가 아프가니스탄에서부터 이집트에 이르렀다고 한다. 그러다가 이 도시는 1221년 칭기즈칸에 의해 파괴되었다.

현재 키즈-칼라 성루(Kyz-Kala Fortress), 15세기 모슬렘, 사르도바 우물(Sardoba Well), 기아우르-칼라(Giaur-Kala)와 에르크-칼라(Erk-Kala), 술탄-칼라(Sultan-Kala), 16세기 하마다니 모스크와 현대 모스크, 술탄 산자르 모슬렘(Mausoleum of Sultani Sanjar), 샤리아르 아르크(Shahriar Arc)와 함께 술탄의 거주지(칼라(Kala)는 흙으로 쌓은 성벽을 나타낸다) 등이 소재하고 있다.

타지키스탄 ^{Tajikistan}

  타지키스탄(Tajikistan)은 산악 국가로 영토의 2분의 1 이상이 해발 3,000m가 넘는다. 남서부 경계의 티엔샨 산계는 북부까지 뻗어 있으며, 파미르 산계의 봉우리들이 국토 동부의 일부분을 차지하고 있다. 주민이 거주

티엔산 지역 겨울풍경(출처 : 현지 여행안내서)

파미르 고원의 여름풍경(출처 : 현지 여행안내서)

하는 주요 지역인 계곡은 전체국토의 10%를 넘지 않는다. 아무다리야강과 시르다리야강의 상류가 영토를 가로질러 흐른다. 기후는 편차가 심한 뚜렷한 대륙성 기후로 조금 건조한 편이다.

타지키스탄이라는 이름은 원래 이곳의 토착민인 타지크족에서 유래한 것이다. 타지크족은 페르시아어와 밀접한 관련이 있는 인도이란어파에 속하는 언어를 사용한다. 현재 타지크족은 같은 종교를 믿는 이슬람교도와 비록 튀르키예어를 사용하지만, 이웃에 접해 있는 우즈베크족과 가깝다.

타지크족이 전체인구의 3분의 2를 차지하며, 이외에 우즈베크족이 상당수 있다. 정식명칭은 타지키스탄공화국(Republic of Tajikistan)이다. 수도는 두샨베(Dushanbe)이고 공용어로 타지크어를 사용하고 있다. 북쪽으로 키르기스스탄, 동쪽으로 중국, 남쪽으로 아프가니스탄, 북서쪽으로 우즈베키스탄과 접한다. 타지키스탄은 튀르키예계 주체인 소련 중앙아시아의 이란계 민족국가이고, 타지크인은 한때 중앙아시아를 지배했던 이란 종족의 후손이다. 1997년에 내전이 종식되면서 경제와 정치적으로 안정을 찾아가고 있다.

국토면적은 143,100km²이며, 수도는 두샨베이다. 인구는 약 1,014만 3,500명(2023년 기준)이

타지크인 원주민(출처 : 현지 여행안내서)

고, 종족구성은 타지크인(65%), 우즈백인(25%), 러시아인(4%) 순이며, 주요 언어는 타지크어, 러시아어, 파미르어, 파미르방언, 소그디어 등을 사용한다.

종교는 이슬람(수니파 80%), 이슬람 이스마일파(시아파의 한 분파 15%), 나머지 러시아 정교 등이 있다. 시차는 한국시각보다 4시간 늦다. 한국이 정오(12시)이면 타지키스탄은 오전 8시가 된다. 환율은 한화 1만 원이 타지키스탄 약 84소모니 정도로 통용된다. 전압은 220V/50Hz를 사용하고 있다.

펜지켄트(Pendzhikent)는 자라프산강 남안의 도시로 중세의 도성지가 유

적으로 남아있다. 1946년 소그디아(후에 타지크로 개칭) 유적지는 고고학 조사에 의해 발굴되었다. 헨디즈성(요새), 샤프리스탄(시가지), 라바도(교외)로 된 전형적인 중세도시인 이곳은 6~7세기에 최고로 번영하였다. 그러나 8세기 중반에 아랍인들에 의해 크게 파괴당했다. 샤프리스탄의 신전이나 귀족의 주택들은 벽화, 목조, 소부조 등이 많이 발견되었으며, 벽화는 전투, 향연, 의식, 일상생활 등 외에 전설적인 장면들이 많이 발굴되었다. 목조는 부조나 환조로 프리즈나 기둥 등 건물장식에 많이 쓰였으나 아랍인들에게 크게 파괴될 당시에 화재로 인해 모두가 검게 불타버렸다.

소부조는 건물장식에 사용됐지만, 그중에 자라프산강을 상징하는 모습이 집 안팎 징두리에서 찾아볼 수 있다. 이런 것들은 건축양식이나 수법 면에서 바라프샤나 바라루이크 테페와도 공통점이 많이 있고 중세 초기에는 독특한 중앙아시아 미술의 유파가 확립되어 있었음을 확인할 수 있다. 또한 이란, 인도, 아프카니스탄 등의 미술과도 깊은 관련이 있다고 보여진다. 파미르 고원은 93%가 산악지형으로 이루어져 있어 도심지 여행보다 자연 관광이 더 발달해 있는 지역이다.

아스칸다르쿨의 아스칸다르는

아스칸다르호수(출처 : 현지 여행안내서)

초원을 질주하는 사슴(출처 : 현지 여행안내서)

조로아스터 사원 방문

'알렉산더'라는 뜻이고, 쿨은 '호수'라는 뜻이다. 호수로 이어지는 산골짜기에는 맑은 시냇물이 졸졸 흐르고 가끔가다가 흔한 양과 염소 떼 그리고 사슴들이 이동하는 것을 종종 볼 수 있다. 그리고 이 호수는 6~8월의 여름에는 수영도 할 수 있지만 9월이 지나면 물이 차가워서 수영을 할 수가 없다. 그리고 타지키스탄의 많은 사람이 이란의 페르시아어를 주로 사용하고 있다. 그래서 페르시아의 오랜 전통으로 내려오는 조로아스터를 믿는 사람들이 많아 조로아스터(Zoroaster) 사원이 펜지켄트 각지에 분포되어 있다. 그로 인해 여행자들이 쉽게 조로아스터 사원을 방문할 수가 있다.

키르기스스탄 Kyrgyzstan

키르기스스탄(Kyrgyzstan)은 특히 중앙아시아에서 가장 멋진 산들인 티엔샨(천산), 파미르 고원이 위치하고 있기 때문에 많은 사람들이 키르기스스탄을 중앙아시아의 공화국 중에 가장 매력적이고 가기 쉽고 친절한 곳으로 여긴다.

1991년 소련이 붕괴함으로써 이 작은 공화국은 스스로 생존해 나갈 자원도 없이 불리한 입장에 처하게 되어 지금까지 서양의 원조국에서 관대한 호의를 받고 있다. 키르기스스탄은 중앙아시아의 남동쪽에 위치하여 톈산산맥과 파미르 알타이산맥의 북쪽을 차지하고 있다.

북쪽으로는 카자흐스탄, 서쪽으로는 우즈베키스탄, 남쪽으로는 타지키스탄, 동쪽과 동남쪽으로 중국의 위구르 자치구인 신강성과 접하고 있다. 면적은 한반도와 비슷한 198,500km²이며, 국토의 95%가 해발 1,000m 이상이고(85%가 해발 1,500m 이상), 평균 고도가 2,750m인 산악 국가이다.

국토 대부분이 고지대이기 때문에 단지 국토의 7%에서만 경작이 가능하다. 기후는 대륙성 사막 기후로, 여름은 건조하고 뜨거우며, 겨울은 춥다.

천산의 만년 설산(출처 : 현지 여행안내서)

특히 세계적인 명소인 '이식쿨호수(Issyk-Kul Lake)'가 이 나라에 있는데 이 호수는 너비가 57km이고 길이가 177km인 세계에서 두 번째로 큰 호수이다. 키르기스스탄 국가수입의 15%를 차지하고 있을 만큼 중앙아시아에서는 명소로 알려진 이 지역은 한여름에도 사방은 만년설로 둘러싸여 있고, 아직은 개발이 안 된 온천 및 호텔 그리고 관광지로 유명하다.

알타이산의 만년설(출처 : 현지 여행안내서)

국토면적은 198,500km²이며, 인구는 약 673만 5,400명(2023년 기준)이다. 종족구성은 키르기스인(57%), 슬라브인(러시아인 및 우크라이나인 21%), 우주베크인(13%) 순이다. 주요 언어는 키르기스어와 러시아어 등이며, 종교는 이슬람 수니파가 다수를 차지한다.

시차는 한국시각보다 3시간 늦다. 한국이 정오(12시)이면 키르기스스탄은 오전 9시가 된다. 환율은 한화 1만 원이 키르기스스탄 약 660솜 정도로 통용된다. 전압은 220V/50Hz를 사용하고 있다.

비슈케크(Bishkek)는 키르기스스탄의 수도로 천산산맥 기슭에 위치하고

유목민 가옥 파오(출처 : 현지 여행안내서)

몽골에서는 '게르'라 칭하고, 이 지역에서는 '피오'라고 부른다.

원주민이 애용하는 말(출처 : 현지 여행안내서)

원주민이 생활에 애용하는 말들(출처 : 현지 여행안내서)

있다. 19세기에 코카랜드를 점령하여 요새를 건설하면서 도시로 발전하게 되었다.

　러시아와 전쟁에서 코카랜드 요새가 파괴되고 이곳에 러시아 기지가 세워졌다. 1919년 레닌 혁명 이후 중앙아시아는 쇠퇴의 길을 걷게 되었으며, 비슈케크는 키르기스스탄의 행정 중심지가 되었다. 1926년 3월 혁명 전사 미하일 프룬제가 이곳에서 태어나, 그의 이름을 따서 1991년 프룬제로 명명하게 되었다. 비슈케크(옛 프룬제(Frunze))는 키르기스스탄의 수도이자 산업의 중심지로 목제 상자에서 이름을 따온 세계에서 유일한 도시로, 비슈케크란 말은 '발효된 말의 젖을 만들기 위해 사용되는 밑밥'을 가리키기도 한다.

　세계에서 두 번째로 큰 산정호수인 이식쿨호수는 중앙아시아의 키르기스

이식쿨호수

스탄에 있는 호수이다. 파란 하늘과 파란 호수 그리고 만년설이 있는 천산산맥과 어우러진 아름다운 호수이다.

이 호수는 '뜨거운 호수'라는 뜻으로 세계에서 두 번째로 큰 산악(산정) 호수이자, 남미의 티티카카호수 다음으로 세계에서 두 번째로 높은 곳에 있는 호수이다. 호수는 대기 현상과 강한 바람, 깊은 수심이 호수 전체를 독특한 기후로 형성하여 겨울에도 얼지 않는다.

해발 1,600m에 자리 잡은 이식쿨호수는 길이 177km, 폭 57km, 수심 약 702m의 흐르지 않는 호수로 약간 짠맛을 낸다. 바다 염도의 5분의 1 정도의 약한 소금기는 호수를 청정하게 유지하게 하고 수영하기에도 적합하다.

낙타가 누워있는 모습을 한 천산이 멀리 보이고 가장 깊은 곳은 702m에 이르고 있다. 호수로 유입되는 강은 10여 개가 있으나 호수에서 나가는 물은 없다. 이 호수 일대에는 사슴과 늑대가 많이 서식하고 있다.

'중앙아시아의 보배'로 일컫는 이식쿨호수는 태양의 위치에 따라 약한 녹색에서 푸른색까지 하루에도 여러 가지 빛깔을 내며, 흰 눈으로 뒤덮인 산을 비춘다. 또한 카자흐

레닌 동상

스탄과 러시아에서 다수의 사람이 이식쿨호숫가에 만들어진 자연 모래사장을 많이 찾고 있다. 최근 과학자들이 호수 바닥에서 10세기의 주거 유적, 묘지, 기념비 등을 발굴하였다.

프룬제역에서 북으로 제르진스키대로를 따라가면 레닌대로와 만나며 그 앞에 시내의 명소가 다 모여 있는 오크공원이 있다.

공원 일대는 관청과 의사당, 외무성, 내무성과 프룬제미술관이 있으며, 공원 안에는 알라토극장, 키르기스 역사박물관과 그 안쪽으로 전사의 오벨리스크와 대포가 있다. 레닌 동상과 레닌박물관을 비롯하여 키르기스 조형미술관, 러시아드라마극장 등이 있다.

도로를 사이에 두고 맞은편에는 키르기스 오페라 및 발레극장이 있다. 키르기스 조형박물관은 회화, 향토예술, 역사 조형물을 3부로 나뉘어 전시하고

키르기스 역사박물관(BC 10세기~5세기경 유골을 담아두던 함)

있다.

회화는 키르기스 출신 화가와 서구 화가들의 작품도 다양하게 전시하고 있다. 이 박물관에서 빼놓을 수 없는 것은 키르기스의 풍경을 모티브로 한 카펫이다. 이외에도 식기, 도구, 가구 등이 전시되어 있다.

소그드인은 이 지방에 많은 문화유산을 남겼다. 이 키르기스 역사박물관 역시 키르기스에서 출토된 생활용품과 공예품 등을 전시하고 있다.

제르진스키대로 거리의 중앙은 가로수가 많은 산책로가 확보되어 있으며 그 양쪽으로 길을 따라 차도가 있다. 미하일 프룬제 장군 기념비가 이곳에 세워져 있다. 이웃한 보콘바에프 거리는 유명한 출판인의 이름을 따서 붙여진 것으로 〈알라토〉 잡지에 실었던 시들이 유명하다. 이 거리에는 보콘바에프 흉상이 세워져 있다.

이식쿨호수 주변 길목에 인접한 곳에는 추이계곡이 있다. 이 계곡에는 신석기 시대 그대로의 조각이 새겨진 비석들이 있다. 산양들이 많이 새겨져 있으며, 말을 타고 활로 사냥하는 모습도 있다. 이외에도 표범, 낙타 등이 새겨져 있으며, 이들은 모두 2,000년 전에 새겨진 것들이다.

독립기념탑

카자흐스탄 Kazakhstan

'고대문명의 땅' 카자흐스탄(Kazakhstan)은 광활한 유라시아 스텝초원의 중앙부에 위치하고 있다. 카자흐란 이름은 '유랑자' 또는 '독립인'이라는 말로, 이들 민족은 13세기 칭기즈칸의 후예로 전통적인 유목민족이다.

중앙아시아에 위치하고 있는 이 나라의 면적은 272만 4,900km²로 세계에서 9위이며, 남한의 27배에 달한다. 인구는 2001년 기준으로 1,670만 3,100명이다. 1991년 구소련의 소비에트연방에서 독립하여 독립국가연합(CIS)의 하나가 되었다.

현재는 공화제의 형태로 대통령제를 택하고 있고 1990년 나자르바예프 대통령이 방한한 후 우리나라와 북한에 각각 1992년 1월에 외교 관계가 수립되어 공관이 설치되어 있다. 1998년에는 수도를 알마티(Almaty)에서 아스타나(Astana)로 옮겼다. 북쪽은 러시아연방에 접해 있고, 동쪽으로 중국과 몽골에, 남쪽으로 키르기스스탄, 우즈베키스탄, 투르크메니스탄에 접하고, 서쪽으로 카스피해(海)에 닿아있다.

역사적으로 카자흐는 나라 없는 한인들의 한 많은 수난의 역사가 쓰여진 중앙아시아의 나라이다.

1937년 스탈린 정권하에서 이루어진 강제 이주정책에 따라 수십만의 한인들이 중앙아시아로 이주되었다. 이들은 일본인이 한인을 이용해 간첩으로 쓴다는 우려와 한인 수의 증가에 따른 자치 요구 가능성에 대한 불안감, 농업(벼농사)기술을 중앙아시아의 농업 개척에 이용하기 위한 목적, 소수민족 분산 지배 정책 등의 정치적인 이유로 화물차와 가축 운반 철도로 이송되었다.

추운 시베리아를 횡단하여 한 달여에 걸친 이동 중 추위와 굶주림으로 다수가 사망하였으며, 한인들이 당도한 곳은 인가 하나 없는 황량한 반사막 초원지대인 우슈토베란 곳이다.

소련당국은 이 황무지에 수십만의 한인들을 내려놓고 아무런 대책도 없이 생활하도록 강요했다. 2차 세계대전 시 병역의 의무를 이행하지 못하게 되자 한인들은 적성 민족이라는 누명을 쓰고 후방의 노동 전선(탄광, 군수공장, 북극권 산림 벌채 등)에 동원되어 추위, 기아, 강제 사역으로 고통받았다.

고대문명의 땅 카자흐스탄은 광활한 유라시아 스텝초원의 중앙부에 위치하고 있다. 동쪽은 몽골과 중국까지, 서쪽은 카스피해까지 이어져 있다. 북쪽은 러시아와 국경선이 5,000km이며, 서부는 카스피해와 1,000km의 해안선을 갖고 있다. 남쪽은 투르크메니스탄, 우즈베키스탄, 키르기스스탄과 접경하고 있으며, 아랄해는 우즈베키스탄과 공유하고 있다.

국토 대부분은 평원이나, 서부는 카스피해 연안 저지와 투란 저지, 중앙부는 카자흐 사화산 지대, 북부는 서시베리아 저지이다. 동부와 남부는 만년설과 빙하로 덮인 해발 5,000m가 넘는 천산과 알타이 양대 산맥이 솟아 있다.

천산의 만년설(출처 : 현지 여행안내서)

국토면적은 2,724,900km²이며, 수도는 아스타나이다. 인구는 약 1,982만 8,200명(2024년 기준)이고, 종족구성은 카자흐인(51%), 러시아인(37%), 우크라이나인(4%), 독일인(3%) 순이다.

주요 언어는 카자흐어(40%), 러시아어(60%)가 공식적인 언어로 널리 사용되고 있다.

종교는 이슬람(수니파)이 다수이고 러시아 정교회가 그다음이다. 시차는 세 가지 시간대가 있으나, 알마티는 한국보다 3시간 느리다. 한국이 정오(12시)이면 알마티는 오전 9시가 된다. 환율은 한화 1만 원이 카자흐스탄 약 3,370텡게이며, 전압은 220V/50Hz를 사용하고 있다.

알타이산 계곡의 캠핑장(출처 : 현지 여행안내서)

알마티는 사과의 도시로 인구 130만 명이며, 카자흐스탄에서는 가장 큰 도시이자 공화국의 이전 수도였다.

알마티는 다양한 국적과 인종을 가진 도시로서 카자흐인이 51%, 러시아인이 37%, 기타 국적이 12%의 사람들로 구성되어 있다. 따라서 알마티의 사람들은 카자흐어나 러시아어로 의사소통을 하며, 때로는 토속어를 사용하기도 한다.

외부세계로의 갑작스러운 노출로 인해 알마티는 중앙아시아에서 가장 현대적인 도시로 쇼핑점, 레스토랑, 호텔, 카지노 등이 들어서 1990년 이전에 이곳을 본 사람들은 그 변화에 놀라고 있을 정도이다.

알마티는 1997년 11월까지 카자흐스탄의 수도로서 역할을 해왔다. 현재

알마티 시청

수도는 바뀌었지만, 남쪽의 정치,
경제, 문화의 중심지로서 여전히
큰 비중을 차지하고 있다. 과거 알
마티로 불리던 실크로드의 요지에
1854년 러시아의 개척기지로 건
설된 도시이다. 1887년과 1911년
지진으로 두 차례나 파괴되었다.
도시의 이름을 '맛있는 사과'란 의
미인 알마티로 개칭하고 1928년
카자흐스탄의 수도가 되었다.

독립기념탑

남쪽으로 아름다운 산들의 배후에 해발 600~900m에 있는 알마티는 연중 아름다운 풍치를 자랑하고 있다. 시내에는 판필로프공원, 카자키 악기박물관, 성 니콜라스교회, 베데오 아이스링크 등 명소가 있다.

1911년 대지진에도 견뎌낸 목조 건물 Zenkov Cathedral(젠코브성당, 알마티성당)은 1903~1906년 사이에 티엔산 목재로 만들어져, 1907년 7월 30일에 그 모습을 일반인에 공개되었다. 높이가 54m이며 세계에서 두 번째로 높은 목재 건축물이다.

젠코브성당은 목조 건물로 못을 하나도 사용하지 않고 건축되었지만, 1911년 러시아의 제정시대, 도시 내의 2,000여 개의 건물이 파괴되는 대지

러시아 정교회 성니콜라스교회

젠코브성당

진에도 견뎌 지금까지 남아있는 몇 안 되는 건축물 중 하나이다. 성당은 무게 중심을 안전하게 하기 위해 무겁고도 낮게 모양을 만들고 그 위에 탑을 세웠다.

혁명 이후 역사박물관, 문화센터 등으로 사용되다가 1990년에야 성당 본연의 모습을 가지게 된 이곳은 오늘날 중앙성당으로서 러시아 정교회 크리스천의 안식처이며 운영이 잘 이루어지고 있다.

판필로프 전사공원(Panfilov Guardsmen Park)은 1870년 처음으로 설계된 중앙아시아의 공원으로, 공원 안에는 2차 세계대전 당시 지원병으로 전장에 갔던 28명의 젊은이의 죽음을 애도하는 기념비와 함께 중앙에는 1904년 젠코프가 설계한 목조 건물이 있다.

1911년 대지진으로 많은 건물이 파괴되었으나 이 건물은 피해를 입지 않아 원형 그대로 보존이 잘되어 있다. 러시아 정교회였던 건물이 한때 카자흐 국립박물관으로 사용되었으나 1995년부터 다시 정교회의 교회로 사용되게 되었다.

공원 동쪽 끝에는 카자흐의 전통악기들을 전시한 박물관이 있다. 그리고 판필로프 전사공원은 고리키공원만큼은 크지는 않으나 매우 차분한 분위기의 추모 공원이다.

바자르는 오타르호텔 앞의 고리키 거리에서 공원 방향으로 가다가 두 번째 교차점에서 우측으로 돌면 있다. 낙타 젖과 각종 일상용품, 공예품 등을 팔고 있는 곳이다.

이곳에서 중앙아시아 여행을 마지막으로 시장(바자르)을 두루 살펴보고 귀

판필로프 28인의 전사 추모공원

국하기 위해 공항으로 이동했다.

　카자흐스탄을 끝으로 타고, 걷고, 자고, 가는 35년간의 여행 일정을 마칠
까 한다.

　이로써 필자는 현재 지구촌에 있는 모든 국가, 즉 유엔가입국 193개국과
옵서버(참관인) 자격국인 바티칸과 팔레스타인 2국. 독립 국가인 비회원국
인 그랜드케이맨, 코소보, 북사이프러스, 서사하라, 소말릴란드, 남예멘, 타
이완, 쿡 아일랜드 8개국 등 모두 203개국 그리고 프랑스 해외령 레위니옹,
뉴칼레도니아, 타히티, 보라보라와 남극, 북극을 35년여 가까운 세월 동안
세계여행을 다녀왔다. 이를 밑천으로 삼아 주야를 가리지 않고 열과 성의를
다하며 각고의 노력 끝에 여행으로 얻은 지식과 정보를 가지고 《세계는 넓
고 갈 곳은 많다》 시리즈 제1권 유럽편과 제2권 아메리카편, 제3권 아프리

비자르(출처 : 현지 여행안내서)

카편, 제4권 오세아니아편, 제5권 아시아편 1(동아시아 · 동남아시아), 제6권 아시아편 2(서남아시아 · 아라비아반도 · 서아시아 · 중앙아시아)의 집필을 완성하는 순간, 필자에게는 이 세상에 다시없는 영광으로 생각하며 무거운 필(筆)을 내려놓는다.